1. Auflage 2008

1st Edition 2008

VVB LAUFERSWEILER VERLAG
édition scientifique

STAUFENBERGRING 15, D-35396 GIESSEN
Tel: 0641-5599888 Fax: 0641-5599890
email: redaktion@doktorverlag.de

www.doktorverlag.de

Aus dem
Institut für Vergleichende Tropenmedizin und Parasitologie
der Tierärztlichen Fakultät
(Vorstand: Univ.-Prof. Dr. Kurt Pfister)
der Ludwig-Maximilians-Universität München

angefertigt am
Kathrinenhof Research Center der Merial GmbH, Rohrdorf
(PD Dr. Steffen Rehbein)

Untersuchungen zum Parasitenbefall des Gamswildes in Deutschland – Helminthen des Gastrointestinaltraktes

Inaugural-Dissertation
zur Erlangung der tiermedizinischen Doktorwürde
der Tierärztlichen Fakultät
der
Ludwig-Maximilians-Universität München

von

Dietmar Hamel

aus Wien

München 2008

Gedruckt mit Genehmigung der Tierärztlichen Fakultät der
Ludwig-Maximilians-Universität München.

Dekan:	Univ.-Prof. Dr. Braun
Berichterstatter:	Univ.-Prof. Dr. Pfister
Koreferent:	Univ.-Prof. Dr. Förster

Tag der Promotion: 8. Februar 2008

Inhaltsverzeichnis

1. Einleitung

Die Gämse ist, neben dem Steinbock, das Charaktertier der europäischen Hochgebirge. Ihr Lebensraum umfasst das Kantabrische Gebirge und die Pyrenäen, den Alpenraum, den Balkan einschließlich der Karpaten und den Kaukasus. Des Weiteren sind Gämsen in Anatolien und durch Ansiedelung im frühen 20. Jahrhundert auch auf der Südinsel Neuseelands anzutreffen.
Autochthon kommt die in Deutschland heimische Alpengämse, *Rupicapra r. rupicapra*, im bayerischen Alpenraum zwischen Berchtesgaden und Bodenseeregion vor. Einige Mittelgebirge sind durch Aussetzen von Gämsen und/oder Zuwanderung aus Nachbarregionen besiedelt worden. Nach vielen fehlgeschlagenen Versuchen wurden in den 1930er Jahren erfolgreiche Auswilderungen im Schwarzwald begonnen, wo sich heute die zweitgrößte Gämsenverbreitung Deutschlands befindet. Der nördlichste und östlichste Lebensraum von Gämsen in Deutschland ist das Elbsandsteingebirge. Über die weiteren Vorkommen in Deutschland sind nur wenig brauchbare Daten verfügbar. Der Gamsbestand in Deutschland wird mit etwa 11000 Tieren angegeben (COUTURIER, 1938; KNAUS u. SCHRÖDER, 1983; SATTLER, 1986a, b; BAUER, 1986a, b; BRIEDERMANN u. ŠTILL, 1987; SHACKLETON, 1997; MILLER, 1999; LINDEROTH, 2005; ANONYM, 2006).

Wie die anderen Wildwiederkäuer ist auch die Gämse Wirt für diverse Parasiten. Obwohl subklinische Infektionen dominieren, stellen Parasitosen bedeutende Faktorenkrankheiten dar, die in Abhängigkeit von der Parasitenbürde, Alter und Ernährungszustand des Tieres, der Wilddichte und klimatischen Einflüssen auch zu klinisch manifesten Erkrankungen führen können. Bei Überschneidungen im Lebensraum können Gämsen und anderes Schalenwild als Ausscheider von Parasitenentwicklungsstadien die Weiden von Rindern und Schafen kontaminieren bzw. sich dort mit gemeinsam vorkommenden Parasiten der Hauswiederkäuer anstecken.

Trotz des beachtlichen Gamswildbestandes in Deutschland sind bislang kaum Studien zur Kenntnis seiner Parasitenfauna durchgeführt worden: STROH (1936) untersuchte die Lungen von 100 Stücken und PROSL (1978) Gescheide von 16 Gämsen. Weitere Hinweise liegen lediglich von Fallwild- oder Losungsuntersuchungen (WILLEMOES-SUHM, 1868; STROH, 1911, 1932; SCHEURING, 1922; KREMBS, 1939;

WEIDENMÜLLER, 1961, 1971; BOCH, 1956, 1957; NERL u. BOCH, 1956; HASSLINGER, 1964; SCHELLNER 1977, 1982; BAMBERG, 1979) bzw. Studien zur Gamsräude (u. a.: NERL, 1974; MILLER, 1985) vor.

Die Untersuchung einer größeren Anzahl von Aufbrüchen von Gamswild aus Bayern und Baden-Württemberg soll erstmals einen zusammenfassenden Überblick über dessen Parasiten in Deutschland geben. Gegenstand dieser Arbeit sind die Helminthen des Magen-Darm-Traktes, während die Untersuchungen der Parasiten von Lunge, Leber und Muskulatur, im Enddarmkot nachweisbarer Kokzidienoozysten sowie von Ektoparasiten durch Frau L. C. Schlegel (Doktorarbeit, Merial GmbH, Kathrinenhof Research Center, in Vorbereitung) erfolgten.

2. Literaturübersicht

2.1 Vorkommen von Gämsen weltweit

Seit jeher unterliegt die Gämse großer waidmännischer und wildbiologischer Beachtung. Von veterinärmedizinischer und ökonomischer Relevanz waren und sind die Gamsräude und die Gamsblindheit im Alpenraum, da diese Erkrankungen mit epidemischem Auftreten einen nachhaltigen Einfluss auf das Einzeltier sowie die Gämsenpopulationen haben und auch für den Laien inklusive Jagdausübenden leicht erkennbar sind. Darüber hinaus finden sich diverse Berichte über Missbildungen der Krucken und des Schädels, die als Trophäen begehrt sind.
Die Magen-Darm-Würmer der Gämse erfuhren bisher in Deutschland, im Gegensatz zum europäischen Ausland, keine besondere Aufmerksamkeit.

Entwicklungsgeschichtlich haben sich während der Riss- und Würmeiszeit zwei Typen von Gämsen ausgebildet, die so genannte „Riss-Gams" und die „Würm-Gams". Die Südgämse, *Rupicapra pyrenaica,* stellt den grazilen „Riss-Gams"-Typ dar, während die Nordgämse, *Rupicapra rupicapra*, den kompakteren „Würm-Gams"-Typ repräsentiert. Im Süden Westeuropas lebt die Südgämse mit drei Unterarten, die in Spanien, Italien und Frankreich beheimatet sind. In Zentral- und Südosteuropa, der Türkei und im Kaukasus kommt die Nordgämse mit sieben Unterarten vor (COUTURIER, 1938; KNAUS u. SCHRÖDER, 1983; GEIST, 1985; MASSINI, 1985; NASCETTI et al., 1985 SHACKLETON, 1997; MILLER, 1999). Vertreter beider Gämsenarten sind in Frankreich – Alpengämse sowie Pyrenäen- und Karthäuser Gämse – und Italien – Alpengämse und Abruzzengämse – beheimatet. In Spanien und in der Slowakei kommen jeweils Subspezies einer der beiden Gamsarten vor, d. h. Pyrenäengämse und Kantabrische Gämse bzw. Tatragämse und Alpengämse.
Eine Übersicht zum Vorkommen der Arten und Unterarten der Gämsen in den verschiedenen Ländern wird in Tabelle 1 gegeben.

Tab. 1: Übersicht über die Gämsenarten und -unterarten sowie deren Vorkommen, weltweit (nach SHACKLETON, 1997)

Art	Unterart	Trivialname	Vorkommen
Rupicapra rupicapra Linnaeus, 1758 („Nordgämse")	*R. r. asiatica* Lydekker, 1908	Pontusgämse	Türkei
	R. r. balcanica Bolkay, 1925	Balkangämse	ehemaliges Jugoslawien (exkl. Slowenien), Bulgarien, Albanien, Griechenland
	R. r. carpatica Couturier, 1938	Karpatengämse	Rumänien
	R. r. cartusiana Couturier, 1938	Karthäuser Gämse	Frankreich
	R. r. caucasica Lydekker, 1910	Kaukasusgämse	Kaukasus (v. a. Aserbaidschan, Georgien)
	R. r. rupicapra Linnaeus, 1758	Alpengämse	Deutschland, Österreich, Schweiz, Liechtenstein, Italien, Frankreich, Tschechien, Slowakei, Slowenien, Neuseeland
	R. r. tatrica Blahout, 1972	Tatragämse	Polen, Slowakei
Rupicapra pyrenaica Bonaparte, 1845 („Südgämse")	*R. p. ornata* Neumann, 1899	Abruzzengämse	Italien
	R. p. pyrenaica Bonaparte, 1845	Pyrenäengämse	Frankreich, Spanien
	R. p. parva Cabrera, 1911	Kantabrische Gämse	Spanien

Gämsen sind schon sehr früh in verschiedenen Gebieten ausgewildert worden, auch in Ländern ohne autochthones Vorkommen (Alpengämsen in der Slowakei, Tschechien und Neuseeland). Neben den Bemühungen in Deutschland und der ehemaligen Tschechoslowakei wurden Alpengämsen als Geschenk des österreichischen Kaisers Franz Joseph I. ab 1907 erfolgreich auf der Südinsel Neuseelands angesiedelt (COUTURIER, 1938; CHRISTIE u. ANDREWS, 1965; KNAUS u. SCHRÖDER, 1983) und bilden dort heute eine Population von über 10000 Tieren (PARKS, persönliche Mitteilung 2006). Auch im deutsch-tschechischen Grenzgebiet, im Kreibitzer Gebirge in Nordböhmen, hatte man Alpengämsen um 1911 ausgesetzt und den Bestand 1918 durch einige von der Fa. Hagenbeck, Hamburg, verstärkt. Diese Population bildet als Wechselwild den wesentlichen Teil des Gamsbestandes im Elbsandsteingebirge (BRIEDERMANN u. ŠTILL, 1987; CHROUST, 1989; ANDĚRA u. HANZAL, 1995; MILLER, 1999). Versuche, Gämsen auch in Norwegen zu etablieren, schlugen fehl (COUTURIER, 1938).

2.2 Die Magen-Darm-Würmer der Gämsen einschließlich der extraintestinalen Entwicklungsstadien von Bandwürmern

Die Magen-Darm-Wurmfauna der Gämsen wird von Bandwürmern (Zestoden) sowie Rund- oder Fadenwürmern (Nematoden) gebildet.

In der nachfolgenden Literaturübersicht über die Parasitenfauna der Gämsen sind Publikationen aus allen Ländern einbezogen worden, in denen Gämsen frei lebend oder in Gefangenschaftshaltung (Zoos, Tierparks, Jagdgatter) vorkommen. Diese Zusammenstellung berücksichtigt sowohl die Ergebnisse parasitologischer Sektionen als auch die Auswertungen der Untersuchung von Losungs- und Enddarmkotproben.

2.2.1 Die Zestoden der Gämsen

Gämsen sind Endwirte für Bandwürmer aus der Familie Anoplocephalidae, die u. a. im Dünndarm von Wiederkäuern parasitieren. Des Weiteren können Gämsen als Zwischenwirt von Bandwürmern von Fleischfressern aus der Familie Taeniidae dienen, deren Finnen sich in der Muskulatur, Leber, Lunge, im Gehirn oder in den Serosen der Organe entwickeln. Diese Parasiten sind Verursacher der Zönurose, Zystizerkose und Echinokokkose bei Gämsen.

2.2.1.1 Zestoden mit Gämsen als Endwirt (Familie Anoplocephalidae)

Anoplozephaliden sind weit verbreitete Parasiten der Wiederkäuer und wurden bei Gämsen in nahezu allen Ländern mit Gamsvorkommen beschrieben. *Moniezia* (*M.*) *benedeni* ([Mb]), *M. expansa* ([Me]), *Moniezia* spp. ([Ms]) und *Avitellina* (*A.*) *centripunctata* ([Ac]), sowie selten *Stilesia globipunctata* ([Sg]), *M. denticulata* ([Md]) und *M. trigonophora* ([Mt]), sind als Bandwürmer von Gämsen in folgenden ändern beschrieben worden:

- Deutschland (STROH, 1911 - l. c. „Glieder eines nicht bestimmbaren Bandwurmes“; KREMBS, 1939 - l. c. „Taenien“; WEIDENMÜLLER, 1961[Me], 1971 - l. c. „Bandwürmer“),
- Österreich (ANONYM, 1936 - l. c. „Bandwurm“; GEBAUER, 1932 - l. c. „Bandwürmer - 2 Arten“; KUTZER u. HINAIDY, 1969[Ac, Me, Ms]; SCHRÖDER, 1971[Ac]; PROSL, 1973[Ac, Me, Ms], 1978[Ac, Me, Ms]; PROSL et al., 1978[Ac, Ms]/

FELDBACHER, 1979[Ac, Ms]; BRUGGER, 1996 - l. c. „Zestoden"; HOBY et al., 2006a[Ms]),

- der Schweiz (GALLI-VALERIO, 1929 - l. c. „j'ai trouvé un seul exemplaire de ténia", 1932, 1933 - l. c. „Oeufs d'Anoplocéphalinée"; SCHWEIZER, 1949[Me]; BOUVIER et al., 1951[Mb], 1952[Mb]; BOUVIER u. HÖRNING, 1963[Mb, Me]; BURGISSER[Ms], 1983; LOBSIGER, 1987[Ms] - Zootiere),
- Italien (ROSSI et al., 1989b[Ac]; LANFRANCHI et al., 1991[Me]; STANCAMPIANO et al., 2003 - *Moniezia*-Eier),
- Frankreich (COUTURIER, 1938[Ms]; PERDRIX et al., 1976 - l. c. „2 cas où l'on trouve des œufs de ténia"; GINDRE, 1977 - l. c. „œufs de ténia"; EUZÉBY u. HUGONNET, 1980[Mb, Me, Md]; HUGONNET u. EUZÉBY, 1981[Mb], 1982[Mb, Me, Md]; BUSSI, 1981[Ms]; HUGONNET et al., 1981[Ac, Mb]; MONTAGUT et al., 1981[Ac, Mb, Me]; HUGONNET, 1983[Ac]; GIBERT, 1985[Ac, Mb, Me, Md]; VENTÉJOU, 1985[Ac, Mb, Me]; TRIMAILLE, 1985[Md]; DONAT u. DUCOS de LAHITTE, 1989a[Ms], b[Ms]; ALCOUFFE, 1991[Mb]/ALCOUFFE et al., 1992[Mb]; PRUD'HOMME u. GAUTHIER, 1991[Me]; HARS, 1992[Av]; PRUD'HOMME u. DURAND, 1994[Ac, Ms]; MOUNE, 1995[Ms]; DURAND, 1997[Ac, Mb, Me, Md]),
- Spanien (GONZALO-IGLESIA, 1993[Mb]; GONZALO et al., 1999 - *Moniezia*-Eier),
- Rumänien (CHIRIAC u. IACOB, 1967[Me]; ALMASAN u. NESTEROV, 1972[Mb]; SIKÓ u. NEGUŞ, 1988 - *M. benedeni*- und *A. centripunctata*-Fragmente, *Moniezia*-Eier),
- Bulgarien (TJUFEKČIEV, 1978[Me, Mb]),
- der ehemaligen Tschechoslowakei (KOTRLÝ, 1962[Mb], 1964[Mb], 1967a[Mb], b[Mb], c[Mb]; MITUCH, 1969[Mb]; KOTRLÝ u. KOTRLÁ, 1970[Mb], 1977[Mb]; KOTRLÝ u. KOTRLÁ-ERHARDOVÁ, 1970[Mb], 1973[Mb]; KOTRLÁ u. KOTRLÝ, 1972[Mb]; BLAHOUT, 1976 - *Moniezia*-Eier; CHROUST, 1987[Mb], 1989[Mb], 1991[Mb]; KUČERA, 1987[Mb]; RAJSKÝ u. BELADIČOVÁ, 1987[Mb]; MITUCH et al., 1989 - *Moniezia*-Eier; JELÍNEK u. KUČERA, 1996[Mb]; KRUPICER et al., 2004 – *Moniezia*-Eier; LAMKA et al., 2007[Mt]),
- dem ehemaligen Jugoslawien (DELIĆ u. ČANKOVIĆ, 1961[Me]; BIDOVEC, 1985[Ac, Me, Sg], 1989[Ac, Me, Sg]; NEŠIĆ et al., 1992 - *Moniezia*-Eier, Zootiere; ZAKRAJŠEK, 1995[Me]),
- im Kaukasus (RODONAJA, 1956[Mb], 1971[Mb]; RUHLJADEV, 1958[Mb]; ASADOV, 1963[Me]; ASADOV u. SADYCHOV, 1961[Me]; ASADOV u. JALIEV, 1971[Me]; PUPKOV, 1971[Me]) und

- in Neuseeland (CLARK u. CLARKE, 1981[Me]).

Insgesamt sind in nur wenigen Arbeiten umfassende Auswertungen über den Bandwurmbefall bei Gämsen durchgeführt worden; in der Regel wurde dieser rein qualitativ erfasst.

In Ländern mit Nachweis von *Moniezia* spp. und entsprechenden Angaben wurden überwiegend Prävalenzen zwischen 10 und 20% ermittelt. *Avitellina centripunctata* ist neben dem koproskopischen Nachweis bei Karpatengämsen in Rumänien durch SIKÓ und NEGUŞ (1988) nur bei Gämsen im Alpenraum festgestellt worden, wobei die maximale Prävalenz 67% betrug (ROSSI et al., 1989b).

2.2.1.2 Zestoden mit Gämsen als Zwischenwirt (Familie Taeniidae)

Die als Finnen bezeichneten ansteckungsfähigen Larven (Metazestoden) mehrerer Fleischfresserbandwürmer der Familie Taeniidae sind auch als Parasiten bei Gämsen nachgewiesen worden.

Die Tenuicollis-Zystizerkose ist dabei eine vergleichsweise oft beobachtete Finneninfektion der Wiederkäuer und stellt auch bei Gamswild die häufigste Form des Metazestodenbefalls dar.

Cysticercus tenuicollis (dünnhalsige Finne) von *Taenia hydatigena* ist bei Gämsen aus

- Deutschland (KREMBS, 1939),
- Österreich (ANONYM, 1936; GEBAUER, 1932; KERSCHAGL, 1929, 1930, 1931, 1934, 1936, 1937; KUTZER u. HINAIDY, 1969; SCHRÖDER, 1971; KUTZER et al., 1974; PROSL, 1973, 1978; PROSL et al., 1978/ FELDBACHER, 1979),
- der Schweiz (BOUVIER, 1947; SCHWEIZER, 1949; DOLLINGER, 1974; SALZMANN u. HÖRNING, 1974; BURGISSER, 1983),
- Italien (ROSSI et al., 1989b; PERACINO et al., 1993),
- Frankreich (PERDRIX et al. 1976; GINDRE, 1977; EUZÉBY u. HUGONNET, 1980; HUGONNET u. EUZÉBY, 1980, 1981; HUGONNET et al., 1981, 1983; MONTAGUT et al., 1981; GIBERT, 1985; TRIMAILLE, 1985; DONAT u. DUCOS de LAHITTE, 1989a, b; ALCOUFFE, 1991/ALCOUFFE et al., 1992; PRUD'HOMME u. GAUTHIER, 1991; HARS, 1992; PRUD'HOMME u. DURAND, 1994; MOUNE, 1995; DURAND, 1997),
- Spanien (MARTINEZ FERRANDO, 1982; GONZALO-IGLESIA, 1993),
- Rumänien (CHIRIAC u. IACOB, 1967; ALMASAN u. NESTEROV, 1972;

SIKÓ u. NEGUŞ, 1988; COŢOFAN et al., 2006),

- Bulgarien (TJUFEKČIEV, 1978),
- der ehemaligen Tschechoslowakei (KOTRLÝ, 1962, 1964, 1967a, b, c; MITUCH, 1969; KOTRLÝ u. KOTRLÁ, 1970, 1977, 1980; KOTRLÝ u. KOTRLÁ-ERHARDOVÁ, 1970, 1973; KOTRLÁ u. KOTRLÝ, 1972; CHROUST, 1987, 1989, 1991; KUČERA, 1987; LETKOVÁ et al., 1989; MITUCH et al., 1989; LETKOVÁ u. LAZAR, 2006; LAMKA et al., 2007),
- dem ehemaligen Jugoslawien (DELIĆ u. ČANKOVIĆ, 1961) und
- dem Kaukasus (RODONAJA, 1956, 1971; RUHLJADEV, 1958; ASADOV u. JALIEV, 1971; PUPKOV, 1971) festgestellt worden.

Beschreibungen des Befalls mit Coenurus cerebralis von *Taenia multiceps* stellen die ältesten Informationen über die Helminthen von Gämsen dar. In der Regel handelt es sich dabei um Fallberichte, die vor allem im deutschsprachigen Raum von Jagdausübenden gemacht wurden, da die Ansiedelung des Parasiten im Gehirn durch auffällige Verhaltensstörungen gekennzeichnet ist und derartige Stücke gezielt zur Erlegung und Untersuchung gelangt sind.
Coenurus cerebralis-Infektion sind bei Gämsen aus

- Deutschland (WILLEMOES-SUHM, 1868; SCHEURING, 1922; STROH, 1932),
- Österreich (FRAUENFELD, 1868; ZEITLER, 1902; ROTH, 1907; ANONYM, 1925a, 1926, 1928; HOHENWARTER, 1926; MICHALKA, 1932; STROH, 1932; KUTZER u. HINAIDY, 1969),
- der Schweiz (BOUVIER et al., 1955, 1962; BURGISSER et al., 1959; BURGISSER, 1983),
- Italien (COLOMBO, 1958; CARRARA, 1959; ROSSI et al., 1989a),
- Frankreich (REYDELLET, 1962; GRABER u. GEVREY, 1976; MONTAGUT et al., 1981; PRUD'HOMME u. GAUTHIER, 1991; DURAND, 1997; NEVEJANS, 2002),
- Spanien (LUCIENTES-CURDI u. CASTILLO-HERNÁNDEZ 1990; LAVIN et al., 1995),
- Rumänien (ALMASAN u. NESTEROV, 1972; SIKÓ u. NEGUŞ, 1988),
- der ehemaligen Tschechoslowakei (BETHLENFALVY, 1937) und
- dem ehemaligen Jugoslawien (DELIĆ u. BADNJEVIĆ, 1957; DELIĆ u. ČANKOVIĆ, 1961) berichtet worden.

COUTURIER (1938) erwähnt in seiner Monographie, dass bei der Autopsie einer in Norwegen ausgewilderten Alpengämse um 1863 ein Fall von Zönurose beobachtet wurde.

Funde von Echinococcus hydatidosus von *Echinococcus granulosus* bei Gämsen werden in der Literatur äußerst selten erwähnt. Ein Befall mit Echinococcus hydatidosus in Leber und/oder Lunge von Gämsen wurde beschrieben aus

- Österreich (MICHALKA, 1932; KERSCHAGL, 1933 [Finnenblasen in der Leber], 1934 [Finnenblasen in der Leber], 1935 [Finnenblasen in der Leber], 1936; ANONYM, 1934; PROSL, 1978; FELDBACHER, 1979),
- der Schweiz (SALZMANN u. HÖRNING, 1974),
- Frankreich (PERDRIX et al., 1976; GINDRE, 1977),
- Spanien (MARTINEZ FERRANDO, 1982)
- Rumänien (ALMASAN u. NESTEROV, 1972),
- Bulgarien (TZVETKOV, persönliche Mitteilung 2006),
- der ehemaligen Tschechoslowakei (KOTRLÝ, 1967; KOTRLÝ u. KOTRLÁ, 1970, 1977; 1980; KOTRLÝ u. KOTRLÁ-ERHARDOVÁ, 1970, 1973; KOTRLÁ u. KOTRLÝ, 1972; KUČERA, 1987; CHROUST, 1989) und
- dem Kaukasus (RUHLJADEV, 1958; RODONAJA, 1971).

In seiner Monographie beschreibt COUTURIER (1938) den Fund von Echinococcus hydatidosus bei Pyrenäengämsen in Frankreich.
GUARDA et al. (1980) sowie GUARDA u. PERACINO (1987) aus dem Pathologischen Institut der Tiermedizinischen Fakultät Turin berichteten über den Nachweis von Cysticercus ovis von *Taenia ovis* am Herzen einer Gämse.

Eine Übersicht über die bei Gämsen festgestellten Zestoden wird in Tabelle 2 gegeben.

Tab. 2: Bei Gamswild in Europa nachgewiesene Zestoden

	Moniezia benedeni[1]	*Moniezia denticulata*	*Moniezia expansa*	*Moniezia trigonophora*	*Avitellina centripunctata*	*Stilesia globipunctata*	Cysticercus tenuicollis von *Taenia hydatigena*	Coenurus cerebralis von *Taenie multiceps*	Cysticercus ovis von *Taenia ovis*	Echinococcus hydatidosus von *Echinocccus granulosus*
Deutschland			x				x	x		
Österreich	x		x		x		x	x		x
Schweiz	x							x		x
Italien			x		x		x	x	x	
Frankreich	x	x	x		x		x	x		x
Spanien	x						x	x		x
Rumänien	x		x		x		x	x		x
Bulgarien	x		x							x
Slowakei	x						x			
Tschechien	x			x			x			x
Slowenien			x		x	x				
Bosnien-Herzegowina			x				x	x		
Kaukasus	x		x				x			x
Neuseeland			x							

[1] synonym *M. rupicaprae* Galli-Valerio, 1929 (siehe SPASSKIJ, 1951)

2.2.2 Die Magen-Darm-Nematoden der Gämsen

Die ersten Publikationen, die Nematoden des Magen-Darm-Traktes der Gämsen beschreiben, erschienen in den 1920er Jahren und stammten aus veterinärmedizinisch-diagnostischen Einrichtungen in Österreich und der Schweiz. Einen großen Beitrag leisteten hierbei der am ehemaligen Schlachthof St. Marx in Wien tätige Tierarzt Dr. W. Kerschagl (KERSCHAGL 1930, 1931, 1932, 1934, 1935, 1936, 1937, 1938, 1939, 1940, 1941, 1942, 1943), die Bundesanstalt für Tierseuchendiagnostik in Mödling bei Wien (ANONYM, 1926, 1927, 1928, 1929, 1930, 1933, 1934, 1936; SCHWARZER, 1927; MICHALKA, 1932) und die Arbeitsgruppe von Professor B. Galli-Valerio in Lausanne (später Institut Galli-Valerio) (GALLI-VALERIO, 1927, 1932, 1933, 1935; BORNAND, 1937a, b, 1942; BOUVIER, 1946, 1965, 1967, 1969; BOUVIER et al., 1953, 1957, 1959; BOUVIER u. HÖRNING, 1963; BURGISSER, 1973, 1975, 1983), die mehrere tausend Stücke Fallwild oder Körper- bzw. Organteile von Gämsen untersucht haben. In ihren Berichten wurde wiederholt die Diagnose

„Magen- und Darm-Parasiten“, „Magenwurmseuche“, „Magen-Darm-Strongylose“, „*Strongylus* sp.“ und/oder „larves de Strongylidés“ gestellt, ohne dass allerdings eine weiterführende Artdiagnose der Parasiten erfolgte.

Die erste Studie, in der die Magen-Darm-Parasitenfauna der Gämse einer systematischen Bearbeitung unter qualitativen und quantitativen Gesichtspunkten unterzogen wurde, stammt von GEBAUER (1932), der im Rahmen seiner Dissertation 23 vollständige Magen-Darm-Kanäle von Gämsen aus Österreich untersucht und damit erstmals die Nematodenfauna der Gämsen im Alpenraum charakterisiert hat.

Der Befall mit Magen-Darm-Nematoden ist beim Gamswild in freier Wildbahn und bei Gämsen in Gefangenschaft weit verbreitet und in zahlreichen Arbeiten dokumentiert worden. Publikationen über die qualitative und/oder quantitative Zusammensetzung der Nematodenfauna des Magen-Darm-Traktes liegen vor aus:

- Deutschland (STROH, 1911; PROSL, 1978),
- Österreich (BÖHM u. GEBAUER, 1930; GEBAUER, 1932; MICHALKA, 1932; KUTZER u. HINAIDY, 1969; SCHRÖDER, 1971; PROSL, 1973, 1978; KUTZER et al., 1974; PROSL et al., 1978/FELDBACHER, 1979; REITER, 1980/PROSL u. REITER, 1984; BRUGGER, 1996; TATARUCH et al., 2001, 2006),
- Schweiz (GALLI-VALERIO, 1931; BORNAND, 1939; BOUVIER, 1947; SCHWEIZER, 1949; BOUVIER u. HÖRNING, 1963; DOLLINGER, 1974; SALZMANN u. HÖRNING 1974; HOFMANN, 1978; LOBSIGER, 1987 – Zootiere),
- Liechtenstein (ONDERSCHEKA et al., 1990),
- Italien (COLOMBO, 1958; BALBO, 1973; BALBO et al., 1973, 1978, 1985; BIOCCA et al., 1974, 1981, 1982; GENCHI et al., 1982, 1983, 1984, 1985, 1987, 1989, 1992; CANCRINI et al., 1985; TRALDI et al., 1986; LANFRANCHI u. ROSSI, 1988; DONAT u. DUCOS de LAHITTE, 1989a, b; ROSSI et al. 1989b, 1995, 1996; GUSCI et al. 1991; LANFRANCHI et al., 1991; PERACINO et al., 1993; DAMAGGIO et al., 1996; ZAFFARONI et al., 1996, 1997, 2000; ROSÀ et al., 1997; KRAMER et al., 1998; BROGLIA et al., 2000; SALA et al., 2000; CITTERIO u. LANFRANCHI, 2006; CITTERIO et al., 2006; STANCAMPIANO u. GUBERTI, 2006),
- Frankreich (GINDRE, 1977; BAMBERG, 1979; EUZÉBY u. HUGONNET, 1980; HUGONNET u. EUZÉBY, 1980, 1981, 1982; BUSSI, 1981;

HUGONNET et al., 1981, 1983; MONTAGUT et al., 1981; HUGONNET, 1983; CORTI et al., 1985; GIBERT, 1985; TRIMAILLE, 1985; VENTÉJOU, 1985; NOCTURE, 1986; DONAT u. DUCOS de LAHITTE, 1989a, b; ALCOUFFE, 1991/ALCOUFFE et al., 1992; PRUD'HOMME u. GAUTHIER, 1991; HARS, 1992; PRUD'HOMME u. DURAND, 1994; MOUNE, 1995; DURAND u. GAUTHIER, 1996; ROSSI et al., 1996; DURAND, 1997, 2000; LIÉNARD et al., 2006),

- Spanien (ROJO-VASQUEZ et al. 1979; DÍEZ-BAÑOS et al., 1984, 1987; GONZALO-IGLESIA, 1993),
- Rumänien (CHIRIAC u. IACOB, 1967; ALMASAN u. NESTEROV, 1976; SIKÓ u. NEGUŞ, 1988),
- Bulgarien (TJUFEKČIEV, 1978),
- der ehemaligen Tschechoslowakei (KOTRLÝ, 1962, 1964, 1967a, b, c; MITUCH, 1969; KOTRLÝ u. KOTRLÁ, 1970, 1977; 1980; KOTRLÝ u. KOTRLÁ-ERHARDOVÁ, 1970, 1973; KOTRLÁ u. KOTRLÝ, 1972; CHROUST, 1987, 1989, 1991, 1993; MITUCH et al., 1989; JELÍNEK u. KUČERA, 1996),
- dem ehemaligen Jugoslawien (DELIĆ u. ČANKOVIĆ, 1961; BIDOVEC, 1985, 1989; BIDOVEC u. TOMAŠIČ, 1995; ZAKRAJŠEK, 1995),
- dem Kaukasus (ASADOV, 1954a, b, 1958, 1959a, b, 1960, 1963; RODONAJA, 1956, 1971; RUHLJADEV, 1958; ASADOV u. JALIEV, 1971; PUPKOV, 1971; ZAKARIEV, 1987) und
- Neuseeland (ANDREWS, 1973; CLARK u. CLARKE 1981).

Im Rahmen dieser Studien wurden insgesamt 57 verschiedene Nematodenarten (inkl. Morphen) im Gastrointestinaltrakt von Gämsen beschrieben: Labmagen 20 Spezies, Dünndarm 24 Arten und Dickdarm 13 Spezies (Tab. 3).

Übereinstimmend stellte in allen Untersuchungen mit entsprechender Datenpräsentation der Labmagen das am stärksten befallene Organ dar, gefolgt von Dünn- und Dickdarm. In annähernd allen Arbeiten aus Westeuropa fanden sich bei Alpengämsen typische Nematoden der Boviden – *Ostertagia circumcincta*, *Marshallagia marshalli*, *Grosspiculagia occidentalis* – häufig mit Befallsextensitäten zwischen 60 bis 100%. Dabei wurden bis zu 6000 Ostertagiinae (EUZÉBY u. HUGONNET, 1980; NOCTURE, 1986) im Labmagen gezählt. *Haemonchus contortus*, ein Labmagennematode mit besonders hohem pathogenen Potential, ist mit bis zu 1000 Würmern/Tier festgestellt worden (NOCTURE, 1986; ZAKRAJŠEK, 1995).

Im Dünndarm stellt sich die Nematodenfauna artenreicher dar mit stärkeren regionalen Unterschieden, vor allem hinsichtlich des Vorkommens von Vertretern der Gattung *Nematodirus*. Diese wurden mit einer Befallsintensität von bis zu 6720 Exemplaren von *Nematodirus* (*N.*) *filicollis* nachgewiesen (EUZÉBY u. HUGONNET, 1980). Der Dickdarm zeigt ein vergleichsweise geringes Artenspektrum; es dominieren *Chabertia* (*C.*) *ovina*, *Oesophagostomum* (*O.*) *venulosum* sowie *Trichuris* (*T.*) *ovis* und *T. globulosa*.

Insgesamt stellt sich das Parasitenspektrum der Gämsen relativ homogen dar. Es liegen in der Regel Mischinfektionen mit Ostertagiinae vor, die einen Großteil der gefundenen Helminthen ausmachen. Vertreter der Gattung *Nematodirus* kommen dagegen in sehr unterschiedlicher Prävalenz und Artenzusammensetzung vor, wobei *N. filicollis* die häufigste Spezies dieser Gattung darstellt. Des Weiteren wurden im Dünndarm regelmäßig Vertreter der Gattung *Trichostrongylus* gefunden, bei denen oft das gemeinsame Auftreten von *Trichostrongylus* (*T.*) *capricola*, *T. colubriformis* und *T. vitrinus* zu beobachten war. Auch der Dickdarm zeigt im Ländervergleich eine sehr homogene Nematodenfauna mit Vertretern von *Trichuris* spp., *O. venulosum* und *C. ovina.*

Im Großteil der entsprechenden Publikationen wurden nur qualitative Ergebnisse zur Zusammensetzung der Parasitenfauna der Gämse und/oder Prävalenzen aufgeführt. In lediglich einem Drittel der zitierten Arbeiten erfolgten quantitative Untersuchungen des Magen-Darm-Nematodenbefalls und weiterführende statistische Auswertungen der Ergebnisse, wobei Art und Umfang dieser ein unterschiedliches Ausmaß hatten.

Bei der Sektion von Organen von 21 Balkangämsen aus den Rhodopen in Bulgarien fand TODEV in fünf Fällen ein bis zehn *Gongylonema pulchrum*-Würmer in der Speiseröhre; darüber hinaus waren Gongylonema-Eier in 9 von 43 untersuchten Gamskotproben nachweisbar (TZVETKOV, persönliche Mitteilung 2006). Dieser wenig wirtsspezifische Nematode parasitiert in der Regel in der Speiseröhrenschleimhaut, seltener in Zungen- oder Pansenmukosa, und wurde zuvor nur bei Kaukasusgämsen festgestellt (ASADOV u. JALIEV, 1971).

Tab. 3.1: Bei Gämsen nachgewiesene Magen-Darm-Nematoden– Labmagen

Herkunft der Gämsen	*Haemonchus contortus*	*Haemonchus placei*	*Marshallagia marshalli*	*Grosspiculagia occidentalis*	*Marshallagia skrjabini*	*Ostertagia belockani*	*Ostertagia circumcincta*	*Ostertagia pinnata*	*Ostertagia trifurcata*[1]	*Ostertagia dahurica*	*Ostertagia grühneri*	*Ostertagia leptospicularis*	*Skrjabinagia kolchida*[2]	*Ostertagia ostertagi*	*Skrjabinagia lyrata*	*Ostertagia spp.*	*Spiculopteragia böhmi*[3]	*Rinadia mathevossiani*	*Spiculopteragia asymmetrica*	*Trichostrongylus askivali*	*Trichostrongylus axei*
Deutschland	x		x	x			x	x	x			x	x	x			x	x			x
Österreich	x		x	x			x	x	x			x	x	x			x	x	x	x	x
Schweiz	x		x				x		x			x		x			x	x			x
Italien	x		x	x			x		x			x	x	x	x		x				x
Frankreich	x	x	x	x			x	x	x		x	x	x	x	x		x	x			x
Spanien	x		x				x		x								x				x
Rumänien	x		x				x		x					x							
Bulgarien																x					
Slowakei	x						x							x	x		x				
Tschechei	x						x		x			x	x	x	x		x				
Slowenien	x			x			x		x			x	x	x	x		x		x		x
Bosnien-Herzogowina	x		x				x														
Kaukasus	x			x	x	x	x		x	x		x					x	x			x
Neuseeland							x		x			x		x			x		x		x

[1] synonym *Ostertagia* (*Teladorsagia*) *davtiani* (siehe PROSL, 1973)
[2] synonym *Ostertagia* (*Skrjabinagia*) *lasensis* (siehe DRÓŻDŻ, 1965)
[3] synonym *Spiculopteragia spiculoptera* (siehe HINAIDY et al., 1972)

Tab. 3.2: Bei Gämsen nachgewiesene Magen-Darm-Nematoden – Dünndarm und Dickdarm

Herkunft der Gämsen	*Trichostrongylus capricola*	*Trichostrongylus colubriformis*	*Trichostrongylus longispicularis*	*Trichostrongylus skrjabini*	*Trichostrongylus vitrinus*	*Cooperia oncophora*	*Cooperia pectinata*	*Cooperia punctata*	*Cooperia surnabada*	*Bunostomum phlebotomum*	*Bunostomum trigonocephalum*	*Nematodirus abnormalis*	*Nematodirus battus*	*Nematodirus davtiani*	*Nematodirus europaeus*	*Nematodirus filicollis*[1]	*Nematodirus helvetianus*	*Nematodirus ibicis*	*Nematodirus junctispicularis*	*Nematodirus oiratianus*[2]
Deutschland	x	x			x											x				
Österreich	x	x			x					x	x	x			x	x				x
Schweiz	x					x										x	x			
Italien	x	x			x	x					x	x	x	x[5]	x	x	x	x		x
Frankreich	x	x	x		x			x	x		x		x	x[5]	x	x	x	x	x	x
Spanien	x	x			x							x				x	x			x
Rumänien					x											x				
Bulgarien																				
Slowakei		x			x						x					x				
Tschechei		x			x		x									x				
Slowenien	x	x			x						x					x	x			
Bosnien-Herzogowina		x			x											x				
Kaukasus		x		x	x						x	x		x		x			x	x
Neuseeland		x			x							x				x				

Herkunft der Gämsen	*Nematodirus rupicaprae*	*Nematodirus spathiger*	*Nematodirus spp.*	*Strongyloides papillosus*	*Capillaria bovis*	*Capillaria spp.*	*Skrjabinema ovis*	*Skrjabinema parva*	*Skrjabinema rupicaprae*	*Chabertia ovina*	*Oesophagostomum radiatum*	*Oesophagostomum venulosum*	*Trichuris ovis*[3]	*Trichuris globulosa*[4]	*Trichuris discolor*	*Trichuris skrjabini*	*Trichuris skrjabinema*	*Trichuris rupicaprae*	*Trichuris cervicaprae*	*Trichuris sp.*
Deutschland							x			x		x	x	x						
Österreich	x	x	x	x		x	x		x	x	x	x	x	x		x				
Schweiz										x		x	x							
Italien	x	x	x		x		x		x	x	x	x	x	x						
Frankreich	x	x		x	x		x	x	x	x	x	x	x	x	x	x		x	x	
Spanien		x	x		x		x			x		x	x	x			x			
Rumänien										x		x	x	x						
Bulgarien			x										x							
Slowakei		x								x		x	x							
Tschechei					x					x		x	x	x						
Slowenien		x								x		x	x							
Bosnien-Herzogowina		x																		x
Kaukasus		x			x					x		x	x	x						
Neuseeland		x				x				x		x	x							

[1] bei den in Frankreich und Spanien beschriebenen *N. hugonnetae* handelt es sich um jugendliche Stadien von *N. filicollis* (HUGONNET, persönliche Mitteilung in RIGAUD, 1985)
[2] synonym *N. chabaudi* (siehe DURAND,1997)
[3] synonym *Trichocephalus affinis* (siehe SKRJABIN et al., 1970)
[4] synonym *T. capreoli* (siehe GAGARIN, 1972)
[5] als Unterart, *N. d. alpinus*, beschrieben

Des Weiteren finden sich in der Literatur zahlreiche Veröffentlichungen von Ergebnissen der Untersuchung von Enddarmkotproben aus parasitologischen und pathologischen Sektionen sowie von Losungsproben, die in der freien Wildbahn oder in Gehegen gesammelt wurden. Solche Arbeiten liegen aus

- Deutschland (BOCH, 1956, 1957; NERL u. BOCH, 1956; HASSLINGER, 1964; ROTH, 1968 - Zootiere; BAMBERG, 1979; BARUTZKI et al., 1985 - Zootiere; WIESNER, 1985 - Zootiere),
- Österreich (GEBAUER, 1932; KERSCHAGL, 1936; HOBY et al., 2006a, b),
- Schweiz (GALLI-VALERIO, 1933 - l. c. „oeufs de Strongylidés"; KREIS, 1952 - Zootiere, 1962; HOFMANN, 1978; LOBSIGER, 1987 - Zootiere),
- Italien (COLOMBO, 1953, 1958; ROSÀ et al., 1997; STANCAMPIANO et al., 2001, 2003; MARTELLA et al., 2003),
- Frankreich (PERDRIX et al., 1976; GINDRE, 1977; BAMBERG, 1979; BUSSI, 1981; HUGONNET u. EUZÉBY, 1981, 1982; HUGONNET, 1983; TRIMAILLE, 1985; DONAT u. DUCOS de LAHITTE, 1989a, b; ALCOUFFE, 1991/ALCOUFFE et al., 1992; PRUD'HOMME u. GAUTHIER, 1991; MOUNE, 1995; DURAND, 1997),
- Spanien (BARTHE, 1962; GONZALO-IGLESIA, 1993; GONZALO et al., 1999),
- Rumänien (VARTIC et al., 1971 - Zootiere; SIKÓ u. NEGUŞ, 1988),
- der ehemaligen Tschechoslowakei (BETHLENFALVY, 1937; BLAHOUT, 1976; ŠTILL u. ŠTILL, 1976; CHROUST, 1987, 1989, 1991; RAJSKÝ u. BELADIČOVÁ, 1987; MITUCH et al., 1989; KROKAVEC u. KROKAVEC, 1991; BURŠÍK u. KUČERA, 1996; JELÍNEK u. KUČERA, 1996; CIBEREJ et al., 1997; KRUPICER et al., 1998, 2004; VASILKOVÁ et al., 1998; ŠTEFANČÍKOVÁ et al., 1999a, b; JELÍNEK u. KUČERA 1996),
- dem ehemaligen Jugoslawien (NEŠIĆ et al., 1992 - Zootiere) und
- dem Kaukasus (ŽURAVLEVA u. RAUŠENBAH, 1939; PUPKOV, 1971)

vor.

In diesen Publikationen über die Untersuchung von Enddarmkot- und Losungsproben von Gämsen sind von vielen Autoren nur die Prävalenzen des Nachweises von Helminthenentwicklungsstadien angegeben oder die Ausscheidungsintensität semiquantitativ erfasst worden. Meist wurden *Capillaria*-Eier, *Trichuris*-Eier, *Nematodirus*-Eier, *Marshallagia*-Eier und Eier der Magen-Darm-Strongyliden nachgewiesen. Die häufig in älteren Arbeiten durchgeführte weitere Differenzierung der Magen-Darm-

Strongyliden-Eier in *Ostertagia-*, *Haemonchus-*, *Cooperia-*, *Trichostrongylus-*, *Bunostomum-* und/oder *Chabertia*-Eier ist mit Vorbehalt zu betrachten. Dieses Vorgehen birgt die Gefahr der Fehlinterpretation aufgrund der Ähnlichkeit in Aussehen, Größe und Struktur der Eier in sich. Alter, Lagertemperatur und Feuchtigkeitsgehalt der untersuchten Probe spielen eine große Rolle, da diese Faktoren einen wesentlichen Einfluss auf die Morphologie des Eiinhaltes haben. Hier bietet sich die Larvenanzucht in Kotkulturen mit anschließender Gattungsdifferenzierung anhand der dritten Larven an (ECKERT, 1992). *Marshallagia*-Eier ähneln *Nematodirus*-Eiern (URQUHART et al., 1987).

Die zuvor nach Herkunftsländern geordneten Arbeiten zur Helminthenfauna der Gämsen werden nachfolgend den Gamsunterarten zugeordnet:

- Balkangämse: DELIĆ u. BADNJEVIĆ (1957), DELIĆ u. ČANKOVIĆ (1961), TJUFEKČIEV (1978), TZVETKOV (persönliche Mitteilung 2006),
- Karpatengämse: CHIRIAC u. IACOB (1967), ALMASAN u. NESTEROV (1976), COȚOFAN et al. (1982), SIKÓ u. NEGUŞ (1988),
- Kaukasusgämse: ASADOV (1954a, b, 1958, 1959a, b, 1960, 1963), RODONAJA (1956, 1971), RUHLJADEV (1958), ASADOV u. SADYCHOV, (1961), ASADOV u. JALIEV (1971), PUPKOV (1971), ZAKARIEV (1987),
- Alpengämse: FRAUENFELD (1868), WILLEMOES-SUHM (1868), ROTH (1907), STROH (1911, 1932), SCHEURING (1922), HOHENWARTER (1926), SCHWARZER (1927), GALLI-VALERIO (1929, 1931, 1932), BÖHM u. GEBAUER (1930), GEBAUER (1932), MICHALKA (1932), BORNAND (1939), KREMBS (1939), BOUVIER (1947), SCHWEIZER (1949), BOUVIER et al. (1951, 1952, 1955, 1962), COLOMBO (1953, 1958), BURGISSER et al. (1959), CARRARA (1959), WEIDENMÜLLER (1961), KOTRLÝ (1962, 1964, 1967a, b, c), REYDELLET (1962), BOUVIER u. HÖRNING (1963), KUTZER u. HINAIDY (1969), KOTRLÝ u. KOTRLÁ-ERHARDOVÁ (1970, 1973), KOTRLÝ u. KOTRLÁ (1970, 1977, 1980), SCHRÖDER (1971), KOTRLÁ u. KOTRLÝ (1972), ANDREWS (1973), BALBO (1973), BALBO et al. (1973, 1978, 1985), PROSL (1973, 1978), BIOCCA et al. (1974, 1981, 1982), DOLLINGER (1974), KUTZER et al., (1974), SALZMANN u. HÖRNING (1974), GRABER u. GEVREY (1976), PERDRIX et al. (1976), GINDRE (1977), HOFMANN (1978), PROSL et al. (1978)/FELDBACHER (1979), BAMBERG (1979), EUZÉBY u. HUGONNET (1980), GUARDA et al. (1980), HUGONNET u. EUZÉBY (1980, 1981, 1982), REITER (1980)/PROSL u.

REITER (1984), CLARK u. CLARKE (1981), HUGONNET et al. (1981, 1983), GENCHI et al. (1982, 1983, 1984, 1985, 1987, 1989, 1992), ANONYM (1984), GIBERT (1985), BIDOVEC (1985, 1989), CORTI et al. (1985), ROSSI et al. (1989a, b, 1995, 1996), TRIMAILLE (1985), VENTÉJOU (1985), NOCTURE (1986), TRALDI et al. (1986), CHROUST (1987, 1989, 1991, 1993), GUARDA u. PERACINO (1987), LOBSIGER (1987), KUČERA (1987), LANFRANCHI u. ROSSI (1988), ONDERSCHEKA et al. (1990), GUSCI et al. (1991), PRUD'HOMME u. GAUTHIER (1991), LANFRANCHI et al. (1991), HARS (1992), PERACINO et al. (1993), PRUD'HOMME u. DURAND (1994), BIDOVEC u. TOMAŠIČ (1995), ZAKRAJŠEK (1995), BRUGGER (1996), DAMAGGIO et al. (1996), DURAND u. GAUTHIER (1996), JELÍNEK u. KUČERA (1996), ZAFFARONI et al. (1996, 1997, 2000), DURAND (1997, 2000), ROSÀ et al. (1997), KRAMER et al. (1998), BROGLIA et al. (2000), SALA et al. (2000), STANCAMPIANO et al. (2001, 2003), TATARUCH et al. (2001, 2006), NEVEJANS (2002), CITTERIO et al. (2006), CITTERIO u. LANFRANCHI (2006), LIÉNARD et al. (2006), STANCAMPIANO u. GUBERTI (2006), LAMKA et al., (2007),

- Tatragämse: BETHLENFALVY (1937), MITUCH (1969), LETKOVÁ et al. (1989/LETKOVÁ persönliche Mitteilung 2007), MITUCH, et al. (1989), LETKOVÁ u. LAZAR (2006/LETKOVÁ, persönliche Mitteilung 2007),
- Abruzzengämse: CANCRINI et al. (1985),
- Pyrenäengämse: BARTHE (1962), BUSSI (1981), HUGONNET u. EUZÉBY (1982), DONAT u. DUCOS de LAHITTE (1989a, b), LUCIENTES-CURDI u. CASTILLO-HERNÁDEZ (1990), ALCOUFFE (1991)/ALCOUFFE et al. (1992), GONZALO-IGLESIA (1993), LAVIN et al. (1995), MOUNE (1995), GONZALO et al. (1999),
- Kantabrische Gämse: ROJO-VASQUEZ et al. (1979), MARTINEZ FERRANDO (1982), DÍEZ-BAÑOS et al. (1984, 1987).

Da in den Arbeiten aus dem ehemaligen Jugoslawien nur die Gämsenart anstatt der dort vorkommenden Unterarten – Alpen- und Balkangämse – genannt wurde, sind anhand der von den Autoren angegebenen Herkunftsgebiete des Untersuchungsmaterials die Veröffentlichungen aus Bosnien-Herzegowina der Balkangämse und Publikationen aus Slowenien der Alpengämse zugeordnet worden, da die beiden Nachfolgestaaten des ehemaligen Jugoslawiens dem Vorkommen der jeweiligen Unterart entsprechen (COUTURIER, 1938; SHACKLETON, 1997). Zur

Helminthenfauna der Pontusgämse, im Nordosten der Türkei in der Region des Pontus, des Taurus und des Antitaurus heimisch, waren keine Angaben verfügbar; gleiches gilt für die Karthäuser Gämse, deren Verbreitungsgebiet auf das den Alpen vorgelagerte Chartreusemassiv in Frankreich begrenzt ist. Anhand der zuvor genannten Publikationen sind in der Tabelle 4 die bei den entsprechenden Unterarten nachgewiesenen Helminthenspezies des Magen-Darm-Kanals zusammengefasst.

Tab. 4: Magen-Darm-Helminthenfauna einschließlich Bandwurmfinnen der Gämsen – nach Unterarten

	Balkangämse	Karpatengämse	Kaukasusgämse	Alpengämse	Tatragämse	Abruzzengämse	Pyrenäengämse	Kantabrische Gämse
Haemonchus contortus	x	x	x	x	x		x	x
Haemonchus placei				x				
Marshallagia marshalli	x	x		x		x	x	x
Grosspiculagia occidentalis			x	x		x	x	x
Marshallagia skrjabini			x					
Ostertagia belockani			x					
Ostertagia circumcincta	x	x	x	x	x	x	x	x
Ostertagia pinnata				x			x	
Ostertagia trifurcata[1]		x	x	x		x	x	x
Ostertagia dahurica			x					
Ostertagia grühneri				x				
Ostertagia leptospicularis			x	x				
Skrjabinagia kolchida[2]				x				
Ostertagia ostertagi		x		x			x	
Ostertagia lyrata				x		x		
Spiculpteragia böhmi[3]			x	x				x
Rinadia mathevossiani			x	x				
Spiculpteragia asymmetrica				x				
Trichostrongylus askivali				x				
Trichostrongylus axei			x	x	x	x	x	x
Gongylonema pulchrum	x		x					
Trichostrongylus capricola				x		x	x	x
Trichostrongylus colubriformis	x		x	x		x	x	x
Trichostrongylus longispicularis				x			x	
Trichostrongylus skrjabini			x					
Trichostrongylus vitrinus	x	x	x	x			x	x
Cooperia oncophora				x				
Cooperia pectinata				x				
Cooperia punctata				x				
Cooperia surnabada				x				
Bunostomum phlebotomum				x				
Bunostomum trigonocephalum				x	x			
Nematodirus abnormalis				x		x	x	
Nematodirus battus				x			x	
Nematodirus davtiani			x	x[4]			x[4]	
Nematodirus europaeus			x	x				

[1] synonym *Ostertagia* (*Teladorsagia*) *davtiani* (siehe PROSL, 1973)
[2] synonym *Ostertagia* (*Skrjabinagia*) *lasensis* (siehe DRÓŻDŻ, 1965)
[3] synonym *Spiculopteragia spiculoptera* (siehe HINAIDY et al., 1972)
[4] als Unterart, *N. d. alpinus*, beschrieben

Tab. 4 (Fortsetzung): Magen-Darm-Helminthenfauna einschließlich Bandwurmfinnen der Gämsen – nach Unterarten

	Balkangämse	Karpatengämse	Kaukasusgämse	Alpengämse	Tatragämse	Abruzzengämse	Pyrenäengämse	Kantabrische Gämse
Nematodirus filicollis[1]	x	x	x	x	x		x	x
Nematodirus helvetianus				x	x		x	x
Nematodirus ibicis				x				
Nematodirus junctispicularis			x	x				
Nematodirus oiratianus[2]			x	x			x	
Nematodirus rupicaprae				x			x	
Nematodirus spathiger	x		x	x	x		x	x
Strongyloides papillosus				x			x	
Capillaria bovis			x	x			x	
Capillaria spp.								x
Moniezia benedeni[3]	x	x	x	x	x		x	
Moniezia denticulata				x				
Moniezia expansa	x	x	x	x				
Moniezia trigonophora				x				
Avitellina centripunctata		x		x				
Stilesia globipunctata				x				
Skrjabinema ovis				x			x	
Skrjabinema parva				x				
Skrjabinema rupicaprae				x			x	x
Chabertia ovina		x	x	x				x
Oesophagostomum radiatum				x				
Oesophagostomum venulosum			x	x	x	x		x
Trichuris ovis[4]	x	x	x	x	x		x	
Trichuris globulosa[5]		x		x			x	
Trichuris discolor		x		x				
Trichuris skrjabini				x				
Trichuris skrjabinema							x	
Trichuris rupicaprae				x				
Trichuris cervicaprae				x				
Coenurus cerebralis	x	x		x	x		x	
Cysticercus tenuicollis	x	x	x	x	x		x	x
Cysticercus ovis				x				
Echinococcus hydatidosus	x	x	x	x			x	x

[1] bei den in Frankreich beschriebenen *N. hugonnetae* handelt es sich um juvenile Stadien von *N. filicollis* (HUGONNET, persönliche Mitteilung in RIGAUD, 1985)
[2] synonym *N. chabaudi* (siehe DURAND, 1997)
[3] synonym *M. rupicaprae* Galli-Valerio, 1929 (siehe SPASSKIJ, 1951)
[4] synonym *Trichocephalus affinis* (siehe SKRJABIN et al., 1970)
[5] synonym *T. capreoli* (siehe GAGARIN, 1972)

Für Länder, die beide Arten von Gämsen bzw. zwei Unterarten beheimaten, werden nachfolgend die verfügbaren Angaben nach Land/Unterart dargestellt:

Italien:

- Abruzzengämse (CANCRINI et al., 1985) und
- Alpengämse (COLOMBO, 1953, 1958; CARRARA, 1959; BALBO, 1973; BALBO et al., 1973, 1978, 1985; BIOCCA et al., 1974, 1981, 1982; GUARDA et al., 1980; GENCHI et al., 1982, 1983, 1984, 1985, 1987, 1989, 1992; ROSSI et al., 1989a, b, 1995, 1996; TRALDI et al., 1986; GUARDA u. PERACINO, 1987; GUSCI et al., 1991;LANFRANCHI et al., 1991; PERACINO et al., 1993; DAMAGGIO et al., 1996; ZAFFARONI et al., 1996, 1997, 2000; ROSÀ et al., 1997; KRAMER et al., 1998; BROGLIA et al.,2000; SALA et al., 2000; CITTERIO u. LANFRANCHI, 2006; CITTERIO et al., 2006; STANCAMPIANO u. GUBERTI, 2006);

Spanien:

- Kantabrische Gämse (ROJO-VASQUEZ et al., 1979; MARTINEZ FERRANDO, 1982; DÍEZ-BAÑOS et al., 1984, 1987) und
- Pyrenäengämse (BARTHE, 1962; LUCIENTES-CURDI u. CASTILLO-HERNÁDEZ, 1990; GONZALO-IGLESIA, 1993; LAVIN et al., 1995);

Frankreich:

- Alpengämse (REYDELLET, 1962; GRABER u. GEVREY, 1976; PERDRIX et al., 1976; GINDRE, 1977; BAMBERG, 1979; EUZÉBY u. HUGONNET, 1980; HUGONNET u. EUZÉBY, 1980, 1981, 1982; HUGONNET et al., 1981, 1983; MONTAGUT et al., 1981; HUGONNET, 1983; GIBERT, 1985; CORTI et al., 1985; TRIMAILLE, 1985; VENTÉJOU, 1985; NOCTURE, 1986; PRUD'HOMME u. GAUTHIER, 1991; HARS, 1992; PRUD'HOMME u. DURAND, 1994; DURAND u. GAUTHIER, 1996; ROSSI et al., 1996; DURAND, 1997, 2000; NEVEJANS, 2002; LIÉNARD et al., 2006) und
- Pyrenäengämse (BUSSI, 1981; HUGONNET u. EUZÉBY, 1982; DONAT u. DUCOS de LAHITTE, 1989a, b; ALCOUFFE, 1991/ALCOUFFE et al., 1992; MOUNE, 1995);

Slowakei:

- Tatragämse (BETHLENFALVY, 1937; MITUCH, 1969; LETKOVÁ et al., 1989/ LETKOVÁ persönliche Mitteilung 2007; MITUCH et al., 1989; LETKOVÁ u. LAZAR, 2006/LETKOVÁ, persönliche Mitteilung 2007).

Tabelle 5 enthält eine Zusammenstellung der Ergebnisse von Untersuchungen auf der Basis parasitologischer Sektionen von Gämsen mit Angabe des Probenumfanges, des Herkunftslandes bzw. -gebietes und der gefundenen Prävalenzen der Nematodenarten im Magen-Darm-Kanal. Die Auswahl der exemplarisch aufgeführten Sektionsergebnisse ist weitgehend repräsentativ für die Nematodenfauna des Gamswildes im jeweiligen Land.

Tab. 5: Prävalenz[A] von Magen-Darm-Nematoden bei Gämsen, weltweit (Auswahl)

	Deutschland[1]	Österreich[2]	Schweiz[3]	Italien[4]	Frankreich[5]	Spanien[6]	Rumänien[7]	Slowakei[8]	Tschechei[9]	Slowenien[10]	Kaukasus[11]	Neuseeland[12]
Haemonchus contortus	++	++		+	+	+++	x		++	+++	++	
Marshallagia marshalli	++	+++		+++	+++	+++	x			+		
Grosspiculagia occidentalis	++	++		++	+++	+++				+	+	
Ostertagia circumcincta	+++	+++	x	+++	+++	+++	x	+	++	++	+++	x
Ostertagia pinnata	+			+								
Ostertagia trifurcata[13]	+	+++	x	+++	+	++	x		+	(+)	++	x
Ostertagia leptospicularis		+	+		++					++		
Skrjabinagia kolchida[14]	+		x		+					(+)		
Ostertagia ostertagi	(+)	(+)					x		+	+		x
Ostertagia lyrata			(+)		(+)				(+)			
Spiculopteragia böhmi[15]	++	+			(+)				++	++		x
Rinadia mathevossiani	(+)	(+)										
Spiculopteragia asymmetrica										(+)		x

„A" x = Spezies nachgewiesen, Einzelfunde oder Häufigkeit nicht erfasst; (+) = Häufigkeit <10%; + = Häufigkeit 10-25%, ++ = Häufigkeit 26-50%, +++ = Häufigkeit >50%
[1] PROSL, 1978 - 16 Sektionen (Alpengämse)
[2] PROSL, 1973 - 106 Sektionen (Alpengämse)
[3] DOLLINGER, 1974 - 5 Sektionen (Alpengämse)
[4] GENCHI et. al., 1992 - 28 Sektionen (Alpengämse)
[5] TRIMAILLE, 1985 - 54 Sektionen (Alpengämse)
[6] GONZALO-IGLESIA, 1993 - 19 Sektionen (Pyrenäengämse)
[7] ALMASAN u. NESTEROV, 1972 - 44 Sektionen (Karpatengämse)
[8] MITUCH, 1969 - 13 Sektionen (Tatragämse)
[9] KOTRLÝ u. KOTRLÁ, 1980 - 85 Sektionen (Alpengämse)
[10] BIDOVEC, 1985 - 123 Sektionen (Alpengämse)
[11] ASADOV, 1959 - 12 Sektionen (Kaukasusgämse)
[12] ANDREWS, 1973; CLARK & CLARKE, 1973 - jeweils 28 Sektionen (Alpengämse)
[13] synonym *Ostertagia* (*Teladorsagia*) *davtiani* (siehe PROSL, 1973)
[14] synonym *Ostertagia* (*Skrjabinagia*) *lasensis* (siehe DRÓŻDŻ, 1965)
[15] synonym *Spiculopteragia spiculoptera* (siehe HINAIDY et al., 1972)

Tab. 5 (Fortsetzung): Prävalenz[A] von Magen-Darm-Nematoden bei Gämsen, weltweit (Auswahl)

	Deutschland[1]	Österreich[2]	Schweiz[3]	Italien[4]	Frankreich[5]	Spanien[6]	Rumänien[7]	Slowakei[8]	Tschechei[9]	Slowenien[10]	Kaukasus[11]	Neuseeland[12]
Trichostrongylus askivali		(+)										
Trichostrongylus axei	+++	+	(+)		(+)	(+)					(+)	
Trichostrongylus capricola	++	(+)	x	+	(+)	+				(+)	+	
Trichostrongylus colubriformis	++	(+)				+			(+)	(+)		
Trichostrongylus longispicularis					(+)							
Trichostrongylus skrjabini											(+)	
Trichostrongylus vitrinus	++	(+)		+	(+)	+++	x		(+)	+		x
Cooperia oncophora			x									
Bunostomum trigonocephalum										(+)		
Nematodirus abnormalis					(+)	(+)					(x)	x
Nematodirus davtiani											+	
Nematodirus europeaus					(+)							
Nematodirus filicollis[13]	++	++	(+)		+++	+++	x	(+)	++	+		x
Nematodirus helvetianus			+							(+)		
Nematodirus junctispicularis											+	
Nematodirus oiratianus[14]						+++					+	
Nematodirus rupicaprae				+	(+)							
Nematodirus spathiger		+			(+)	(+)	x			+	+	
Strongyloides papillosus		(+)				(+)						
Capillaria bovis						++						
Skrjabinema ovis	(+)	(+)				(+)						
Skrjabinema rupicaprae		+		+								
Chabertia ovina	++	+++	(+)	++	+	++	x		++	++		x
Oesophagostomum radiatum					(+)							
Oesophagostomum venulosum	++	++		++	++		x	+	+	+	+	x
Trichuris ovis[15]	++	++		++	+	(+)	x	(+)	+	++	+	x
Trichuris globulosa[16]		+		+	(+)	(+)	x		+			
Trichuris skrjabini					(+)	(+)					(+)	

„A" x = Spezies nachgewiesen, Einzelfunde oder Häufigkeit nicht erfasst; (+) = Häufigkeit <10%; + = Häufigkeit 10-25%, ++ = Häufigkeit 26-50%, +++ = Häufigkeit >50%
[1] PROSL, 1978 - 16 Sektionen (Alpengämse)
[2] PROSL, 1973 - 106 Sektionen (Alpengämse)/BRUGGER, 1996
[3] DOLLINGER, 1974 - 5 Sektionen (Alpengämse)
[4] GENCHI et. al., 1992 - 28 Sektionen (Alpengämse)
[5] TRIMAILLE, 1985 - 54 Sektionen (Alpengämse)
[6] GONZALO-IGLESIA, 1993 - 19 Sektionen (Pyrenäengämse)
[7] ALMASAN u. NESTEROV, 1972 - 44 Sektionen (Karpatengämse)
[8] MITUCH, 1969 - 13 Sektionen (Tatragämse)
[9] KOTRLÝ u. KOTRLÁ, 1980 - 85 Sektionen (Alpengämse)
[10] BIDOVEC, 1985 - 123 Sektionen (Alpengämse)
[11] ASADOV, 1959 - 12 Sektionen (Kaukasusgämse)
[12] ANDREWS, 1973; CLARK & CLARKE, 1973 - jeweils 28 Sektionen (Alpengämse)
[13] bei den in Frankreich beschriebenen *N. hugonnetae* handelt es sich um juvenile Stadien von *N. filicollis* (HUGONNET, persönliche Mitteilung in RIGAUD, 1985)
[14] synonym *N. chabaudi* (siehe DURAND, 1997)
[15] synonym *Trichocephalus affinis* (siehe SKRJABIN et al., 1970)
[16] synonym *T. capreoli* (siehe GAGARIN, 1972)

3. Eigene Untersuchungen

3.1 Material und Methoden

3.1.1 Untersuchungsmaterial – Herkunft, Zusammensetzung

Im Zeitraum von September 2004 bis Dezember 2006 wurden insgesamt 223 Aufbrüche von erlegten Gämsen aus Bayern und Baden-Württemberg auf Magen-Darm-Helminthen-Befall untersucht. Von allen Tieren stand das gesamte Magen-Darm-Paket zur Verfügung sowie mehrheitlich Leber, Lunge, Herz und Zwerchfell.
Herzen, Zwerchfellmuskulatur, Lebern, Lungen und entnommene Endarmkotproben wurden von Frau L. C. Schlegel (Doktorarbeit, Merial GmbH, Kathrinenhof Research Center, in Vorbereitung) auf Parasiten bzw. Parasitenentwicklungsstadien untersucht.
Drei Aufbrüche wiesen makroskopisch erkennbare Schuss-bedingte oder pathologische Veränderungen des Gastrointestinaltraktes bzw. der inneren Organe auf (G11, G62, G104).
Insgesamt 191 Tiere sind in der jeweiligen Jagdsaison vom 1. August bis zum 15. Dezember der Jagdjahre 2004, 2005 und 2006 erlegt worden, weitere 32 Tiere aus Bayern außerhalb der Jagdsaison im Rahmen der Sanierung von Schutzwäldern.
Zur besseren Übersicht und Auswertung wurden die untersuchten Tiere in Altersklassen eingeordnet, die sich an die Einteilung nach KNAUS und SCHRÖDER (1983) anlehnen. Da Kitze nicht unter diese Klassifizierung fallen, stellen diese Tiere die zusätzliche Klasse 4 dar (Tab. 6). Es ist zu beachten, dass bei der geschlechterspezifischen Einteilung der Altersrahmen innerhalb der Klassen bei Böcken und Geißen aufgrund der unterschiedlichen Lebenserwartungen divergiert.

Tab. 6: Altersklasseneinteilung der untersuchten Gämsen

	Böcke	Geißen
Klasse 4 (Kitze)	Tiere bis zum ersten Lebensjahr	Tiere bis zum ersten Lebensjahr
Klasse 3 („Jugendklasse“)	Jahrlinge und 2-jährige Böcke	Jahrlinge, 2- und 3-jährige Geißen
Klasse 2 („Mittelklasse“)	3- bis 7-jährige Böcke	4- bis 9-jährige Geißen
Klasse 1 („Altenklasse“)	8-jährige und ältere Böcke	10-jährige und ältere Geißen

Die Tabelle 7 gibt einen Überblick über die Altersverteilung und die Herkunft der untersuchten Stücke.

Tab. 7: Zusammensetzung des Untersuchungsmaterials der Gämsen nach Herkunft und Altersklassen

Altersklasse[1]	Gesamt				Bayern				Baden-Württemberg		
	gesamt	Böcke	Geißen	o. A.[2]	gesamt	Böcke	Geißen	o. A.	gesamt	Böcke	Geißen
4	43	19	24	0	36	16	20	0	7	3	4
3	76	39	35	2	57	30	25	2	19	9	10
2	85	63	22	0	78	61	17	0	7	2	5
1	19	9	10	0	14	6	8	0	5	3	2

[1] Altersklassen nach KNAUS und SCHRÖDER (1983): Klasse 1: Böcke ≥ 8 Jahre, Geißen ≥ 10 Jahre; Klasse 2: Böcke 3-7 Jahre, Geißen 4-9 Jahre; Klasse 3: Böcke 1-2 Jahre, Geißen 1-3 Jahre; Klasse 4: Kitze
[2] ohne Angabe

Die 223 untersuchten Magen-Darm-Pakete stammten von 185 Gämsen aus Bayern und 38 Tieren aus Baden-Württemberg. Es handelte sich dabei um 130 Böcke und 91 Geißen, bei zwei Stücken aus Bayern war das Geschlecht nicht angegeben worden.
Die Gämsen aus Bayern sind im Nationalpark Berchtesgaden (54 Stücke), in den Gamswildeinständen der Hochgebirgsforstämter Berchtesgaden, Ruhpolding, Marquartstein, Rosenheim, Kreuth, Schliersee, Bad Tölz, Mittenwald, Garmisch-Partenkirchen, Oberammergau, Füssen und Sonthofen (insgesamt 121 Stücke) sowie in wenigen Privatrevieren in den Landkreisen Rosenheim und Bad Tölz erlegt worden (10 Stücke).
Die aus dem Schwarzwald-Vorkommen in Baden-Württemberg stammenden Stücke sind in den Forsten der Forstbetriebe Kirchzarten und Staufen (28 Stücke) sowie in Privat- und Pachtrevieren im Landkreis Waldshut (10 Stücke) zur Erlegung gekommen.

Eine detaillierte Übersicht zu Herkunft, Erlegedatum und Alter der Gämsen findet sich in der Tabelle A1 (Anhang). Das Gewicht, der Gesundheitszustand und das Alter wurden vom Erleger auf Erhebungsbögen mitgeteilt.

3.1.2 Parasitologische Untersuchungen

Von den zur Verfügung stehenden Aufbrüchen ist das Magen-Darm-Paket für die eigenen Untersuchungen separiert worden.

3.1.2.1 Koproskopische Untersuchung

Aus dem Enddarm wurde eine Kotprobe zu Untersuchung auf Entwicklungsstadien von Magen-Darm-Helminthen entnommen. Mittels des modifizierten McMaster-Verfahrens nach WETZEL (1951) wurden die Eier der Magen-Darm-Strongyliden (dünnschalige Nematodeneier von Vertretern der Ordnung Strongylida, ausgenommen *Nematodirus/Marshallagia*-Eier), *Nematodirus/Marshallagia*-Eier, *Trichuris*-Eier, *Capillaria*-Eier und *Moniezia*-Eier nachgewiesen. Hierbei sind 4 g Kot mit 90 ml einer wässrigen Zinksulfatlösung (Dichte 1,3 kg/l) angesetzt worden. Durch Auswertung der unter insgesamt sechs Zählnetze von zwei Zählkammern flotierten Eier ergab sich eine Nachweisgrenze von 25 Eiern pro Gramm Kot.

3.1.2.2 Parasitologische Sektion

Die Organe einschließlich des Gekröses wurden auf pathologische Veränderungen und das Vorkommen von dünnhalsigen Finnen, Cysticercus tenuicollis von *Taenia hydatigena*, überprüft.

Anschließend wurde der Pansen abgetrennt und alle Abschnitte des Darmpaketes vom Gekröse gelöst; danach sind Labmagen, Dünndarm sowie Dickdarm an ihren anatomisch-funktionellen Übergängen voneinander getrennt worden.

Der Pansen wurde auf das Vorkommen von Pansenegel untersucht. Die einzelnen Labmägen, Dünndärme und Dickdärme sind eröffnet und ihr Inhalt mit einem scharfen Wasserstrahl durch Analysesiebe (Retsch, Haan) gespült worden. Bei Labmagen und Dünndarm wurden Siebe mit der Maschenweite 150 µm, beim Dickdarm mit 250 µm Maschenweite verwendet. Dabei wurde die Darmschleimhaut zwischen den Fingern abgestreift. Dünndarm und Dickdarm sind danach jeweils zusätzlich in einen 10 Liter Eimer gegeben und nochmals kräftig gewaschen worden, bis das Waschwasser schaumfrei und klar ablief. Der aufgefangene Siebinhalt ist ebenfalls solange gespült worden, bis das ablaufende Wasser klar war. Im Dünndarm sichtbare Bandwürmer

wurden sofort abgesammelt und zur Reinigung und Erschlaffung in mit Leitungswasser gefüllte Petrischalen gegeben.
Zur Gewinnung histotroper 4. Larvenstadien ist der Labmagen in eine Plastikwanne gegeben und in physiologischer Kochsalzlösung für etwa 24 Stunden bei ca. 37°C zur Selbstverdauung inkubiert worden; der Rückstand der Selbstverdauung wurde danach durch ein Sieb mit 40 µm Maschenweite gespült (WILLIAMS et al., 1977).
Alle Siebrückstände sind in individuell etikettierten Plastikdosen mit Schraubdeckel verbracht und durch Zugabe von 35%iger Formaldehydlösung konserviert worden. Die Konservierung der erschlafften Bandwürmer erfolgte mit heißem 70%igen Ethanol.
Zur Untersuchung der Siebrückstände von Labmagen und Dünndarm auf Nematoden wurden diese mit Wasser auf ein definiertes Volumen gebracht (TAYLOR, 1934), um nach gründlicher Durchmischung durch Lufteinleitung ein Aliquot von 20% zu entnehmen. Nach Anfärbung mit konzentrierter Iod-Kaliumiodidlösung sind jeweils kleine Mengen in eine Petrischale überführt, mit Wasser aufgeschwemmt und auf einer Leuchtplatte nach den braunrot gefärbten Nematoden durchmustert worden. Die Entfärbung der pflanzlichen Bestandteile erfolgte durch Zugabe von Natriumthiosulfatlösung (WHITLOCK, 1948), um die in der Probe enthaltenen Nematoden besser zu kontrastieren. Der Rückstand der Labmagenverdauung (20% Aliquot) wurde mittels eines inversen Durchlichtmikroskopes ohne vorheriges Anfärben untersucht. Der Dickdarminhalt ist total durchmustert worden, indem jeweils kleine Fraktionen der Proben in einer Petrischale auf schwarzem Grund untersucht wurden, auf dem sich die weißlichen Nematoden deutlich darstellen.
Alle gefundenen Nematoden sind auf Objektträgern zum Aufhellen in Lactophenol eingebettet und anschließend differenziert und gezählt worden. Die Artbestimmung erfolgte nach diversen Literaturangaben (REITER, 1980; BIOCCA et al., 1981, 1982; ROSSI, 1983; DEMOLIN, 1984; BARTH u. VISSER, 1991). Bei Ostertagiinae und *Trichostrongylus* spp. erfolgte die Differenzierung anhand der Männchen. Die Weibchen wurden entsprechend dem Anteil der Männchen einer Art an der Gesamtzahl der Männchen der Gattung aufgeteilt. Bei Vertretern von *Trichuris* spp. wurde die Artbestimmung anhand der Weibchen vorgenommen und dann sind die Männchen entsprechend aufgeteilt worden. Die histotropen 4. Larvenstadien wurden nach Angaben von DOUVRES (1975), EYSKER (1980) sowie THOMAS und PROBERT (1993) differenziert.
Zur Ermittlung der Befallsintensität wurde die im Labmagen und Dünndarm gefundene Anzahl an Würmern mit dem Aliquotfaktor fünf multipliziert. Die Bürde an Dickdarmnematoden und Bandwürmern (Anzahl an Skolizes) ist total ermittelt worden.

War kein Skolex auffindbar, sind die gefundenen Glieder als ein Bandwurmexemplar betrachtet worden. Vertreter von *Moniezia* spp. wurden von *A. centripunctata* anhand der charakteristischen Gliederung der Strobilae unterschieden. Die Differenzierung von *Moniezia* spp. erfolgte anhand der speziesspezifischen Ausbildung der Interproglottialdrüsen (SPASSKIJ, 1951) nach Anfärben der Strobilae mit Milchsäure-Karmin nach Blanchin (RICHTER, 1986). Exemplare, deren Interproglottialdrüsen sich nicht eindeutig darstellen ließen, wurden als *Moniezia* spp. eingeordnet.
Einige *Moniezia*-Exemplare (siehe Tabelle A3 im Anhang) wurden auf Anfrage Herrn Professor F. Tenora (ehemals FB Zoologie, Mendel Universität Brünn, Tschechische Republik) zur Bestimmung überlassen. Dieser hielt die Exemplare für nicht identisch mit *M. expansa* und nannte als Kriterien eine abweichende Morphologie von Skolex, Zirrus sowie Hoden, konstatierte aber eine starke Ähnlichkeit zu *M. expansa* (TENORA, persönliche Mitteilung 2006); in einer späteren Mitteilung ordnete er diese Bandwürmer dem *M. expansa*-Komplex zu (TENORA, persönliche Mitteilung 2007). In den eigenen Untersuchungen wurden die *Moniezia*-Bandwürmer ausschließlich anhand der Interproglottialdrüsen differenziert und die an Professor Tenora gesandten Exemplare als *M. expansa* in die Auswertung aufgenommen.

3.2 Datenanalyse

Die statistische Auswertung der Ergebnisse der parasitologischen Untersuchung der Gämsen erfolgte mittels des Statistik-Programms SPSS.

Zur Beschreibung der Ergebnisse wurden folgende Parameter verwendet:

- Prävalenz: (Befalls-/Ausscheidungsextensität, -häufigkeit; „prevalence“ nach BUSH et al., 1997) beschreibt den Anteil der Tiere einer Gruppe, die mit einem Parasiten oder einer Parasitengruppe befallen sind und/oder Parasitenentwicklungsstadien ausscheiden; sie entspricht dem Anteil „positiver“ Tiere an der gesamten Gruppe und gibt die Häufigkeit an;

- Befallsintensität, -stärke/Ausscheidungsintensität:
  bezeichnet die Anzahl an Parasiten in einem Wirt/die Anzahl ausgeschiedener Parasitenentwicklungsstadien. Zur Beschreibung des durchschnittlichen Befalls/der durchschnittlicher Ausscheidung aller Tiere einer Gruppe mit Parasiten bzw. von Parasitenentwicklungsstadien sind das arithmetische Mittel und das geometrische Mittel berechnet worden („mean intensity" nach BUSH et al., 1997); zur Darstellung der Streuung um den Mittelwert wurden die Standardabweichung kalkuliert und die minimalen/maximalen Wurm- und/oder Eizahlen (Schwankungsbreite) angegeben.

Das geometrische Mittel wird zur Beschreibung der Intensität des Parasitenbefalls bevorzugt, da dieser meist nicht der Normalverteilung in einer Wirtspopulation entspricht, sondern sich in der Regel aus wenigen stark und zahlreichen schwach befallenen Wirten zusammensetzt (FULFORD, 1994; ERICSSON et al., 1997; SMOTHERS et al., 1999). Dieses Phänomen wird als Aggregation („overdispersion") bezeichnet und ist für das Vorkommen von Parasiten innerhalb von Wirtspopulationen charakteristisch (TARASCHEWSKI, 2006). Zusätzlich entsprechen die Geschlechter- und die Alterszusammensetzung des Untersuchungsmaterials häufig nicht der Normalverteilung, da die Entnahmen in den Altersklassen nach jagdlichen Gesichtspunkten erfolgen. Zur Berechnung des geometrischen Mittels wurde eine logarithmische Transformation (ln [Anzahl+1]) der Ei- und Parasitenzahlen durchgeführt.

Zur statistischen Auswertung der Ergebnisse ist der Kruskal-Wallis-Test als nicht-parametrisches (verteilungsunabhängiges) Testverfahren benutzt worden, um die Daten auf Unterschiede zwischen den Altersklassen zu prüfen. Bei Feststellung eines signifikanten Unterschiedes wurden die Gruppen dem U-Test nach Mann und Whitney unterzogen. Bei diesem parameterfreien Test sind die Altersklassen paarweise miteinander verglichen worden, um so einen signifikanten Unterschied bei der Betrachtung der Gruppen sichtbar zu machen. Dieser Test ist ebenso bei der Prüfung des Einflusses von Herkunft (Bundesländer) und Geschlecht der Stücke auf die Stärke des Parasitenbefalls bzw. die Ausscheidungsintensität von Parasitenentwicklungsstadien angewendet worden. Im Falle der Ausscheidung von

Moniezia-Eiern wurden Unterschiede in der Prävalenz zwischen Altersklassen, Geschlechtern und Herkunft mittels des Chi-Quadrat-Tests geprüft. Als Kriterium für signifikante Unterschiede ist eine Irrtumswahrscheinlichkeit von ≤5%, d.h. $p \leq 0,05$, angesehen worden (SACHS, 1993).

Zur Darstellung und Quantifizierung einer Parasitengemeinschaft, einer so genannten Komponentengemeinschaft (TARASCHEWSKI, 2006), unter ökologischen Gesichtspunkten wurde der „importance value (I)“ nach THUL et al. (1985) berechnet. Dieser Wert dient der Quantifizierung der Bedeutung der einzelnen Nematodenart innerhalb der Komponentengemeinschaft aller im Wirt vorhandenen Magen-Darm-Nematoden.

4. Ergebnisse

Insgesamt 217 der 223 untersuchten Gämsen wurden von den Jägern als „gesund“, fünf Stücke als „abgemagert“ und nur ein Tier als „krank“ beurteilt. Dieses Tier (G104) wies massive Neoplasien der Bauchhöhlenorgane auf, die im Institut für Tierpathologie der Tiermedizinischen Fakultät der Ludwig-Maximilians-Universität München als mesenchymale Geschwulst diagnostiziert worden sind (GEISEL et al., 2006).

4.1 Ergebnisse der koproskopischen Untersuchung

In 82,5% der 223 Enddarmkotproben sind Helmintheneier nachgewiesen worden. Die höchste Prävalenz hatten Eier von Magen-Darm-Strongyliden mit 74%, gefolgt von *Nematodirus/Marshallagia*-Eiern mit 22% und *Trichuris*-Eiern mit knapp 11%. Mit wesentlich geringerer Prävalenz wurden *Moniezia*-Eier und *Capillaria*-Eier nachgewiesen. Die durchschnittliche Ausscheidungsintensität (geometrisches Mittel) betrug 29 Magen-Darm-Strongyliden-Eier pro Gramm Kot (EpG), Eier anderer Nematoden hatten mit maximal zwei EpG eine deutlich geringere Ausscheidungsintensität. Die Ausscheidung von Magen-Darm-Strongyliden-Eiern schwankte zwischen 25 und 4825 EpG mit einer Standardabweichung von 443 EpG. Die Tabelle 8 fasst die ermittelten Werte der Ausscheidungsextensitäten und -intensitäten aller Tiere zusammen, die Einzelergebnisse der untersuchten Gämsen befinden sich in der Tabelle A2 (Anhang).

Tab. 8: Ergebnisse der Untersuchung des Enddarmkotes der Gämsen

Parasitenentwicklungsstadien	Prävalenz		Ausscheidungsintensität			
	n	%	AM[1]	SD[2]	Min-Max[3] („positive“ Tiere)	GM[4]
Magen-Darm-Strongyliden-EpG[5]	165/223	74,0	158,9	443,3	25 - 4825	28,9
Nematodirus/Marshallagia-EpG	49/223	22,0	10,1	23,0	25 - 125	1,3
Trichuris-EpG	24/223	10,8	8,7	33,8	25 - 325	0,6
Capillaria-EpG	14/223	6,3	3,0	17,4	25 - 225	0,3
Moniezia-Eier (Nachweis)	21/223	9,4	nicht ermittelt			

[1] Arithmetisches Mittel
[2] Standardabweichung
[3] Minimum-Maximum
[4] Geometrisches Mittel
[5] Eier pro Gramm Kot

In der Tabelle 9 werden die Ergebnisse der Prüfung auf eine Altersabhängigkeit in der Ausscheidung von Parasitenentwicklungsstadien dargestellt.

Bei der Überprüfung der Ausscheidung der Helminthenentwicklungsstadien konnte für *Trichuris-* und *Moniezia*-Eier eine signifikante Altersabhängigkeit nachgewiesen werden: Kitze schieden deutlich mehr bzw. häufiger diese Helmintheneier aus als ältere Tiere. Bei diesen nahm die Prävalenz sukzessive ab; Gämsen der Altersklasse 1 waren koproskopisch *Moniezia*-Eier negativ.

Tab. 9: Ergebnisse der Untersuchung des Enddarmkotes der Gämsen (n = 223) – nach Altersklassen

Parasitenent-wicklungsstadien	Alters-klasse[1]	Prävalenz		Ausscheidungsintensität				Signifikanz
		n	%	AM[2]	SD[3]	Min-Max[4] („positive" Tiere)	GM[5]	(Kruskal-Wallis-Test)
Magen-Darm-Strongyliden-EpG[6]	4	33/43	76,7	109,3	157,4	25 - 925	31,2	0,434
	3	54/76	71,1	192,4	688,2	25 - 4825	24,2	
	2	64/85	75,3	124,7	188,0	25 - 950	28,8	
	1	14/19	73,7	289,5	440,0	25 - 1725	49,6	
Nematodirus/ Marshallagia-EpG	4	16/43	37,2	20,4	33,7	25 - 125	3,2[a]	p≤0,05
	3	14/76	18,4	5,6	13,3	25 - 75	0,9[b]	
	2	14/85	16,5	8,5	22,0	25 - 100	0,9[b]	
	1	5/19	26,3	11,8	22,6	25 - 75	1,7[a, b]	
Trichuris-EpG	4	13/43	30,2	29,1	62,7	25 - 325	2,7[a]	p≤0,05
	3	10/76	13,2	7,9	27,2	25 - 175	0,7[b]	
	2	1/85	1,2	1,2	10,9	(100)	0,1[c]	
	1	0/19	0				0[b, c]	
Capillaria-EpG	4	1/43	2,3	0,6	3,8	(25)	0,1	0,061
	3	2/76	2,6	1,0	6,4	25 - 50	0,1	
	2	8/85	9,4	3,0	10,0	25 - 50	0,4	
	1	3/19	15,8	17,1	53,4	25 - 225	1,0	
Moniezia-Eier (Nachweis)	4	12/43	27,9[a]	nicht ermittelt				
	3	6/76	7,9[b]					
	2	3/85	3,5[b]					
	1	0/19	0[b]					

[1] Altersklassen nach KNAUS und SCHRÖDER (1983): Klasse 1: Böcke ≥ 8 Jahre, Geißen ≥ 10 Jahre; Klasse 2: Böcke 3-7 Jahre, Geißen 4-9 Jahre; Klasse 3: Böcke 1-2 Jahre, Geißen 1-3 Jahre; Klasse 4: Kitze
[2] Arithmetisches Mittel
[3] Standardabweichung
[4] Minimum-Maximum
[5] Geometrisches Mittel
[6] Eier pro Gramm Kot
[a, b, c] Werte mit ungleichem hochgestellten Index unterscheiden sich signifikant (p≤0,05) voneinander (U-Test; Unterschiede der *Moniezia*-Eiausscheidung wurden mittels des Chi-Quadrat-Tests geprüft)

Die Prüfung der Ausscheidung von Parasitenentwicklungsstadien ergab keine Abhängigkeit von der Herkunft der Gämsen (Tab. 10).

Tab. 10: Ergebnisse der Untersuchung des Enddarmkotes nach der Herkunft der Gämsen (Bundesländer)

Parasitenent-wicklungsstadien	Bayern (n = 185) Ausscheidungsintensität					Baden-Württemberg (n = 38) Ausscheidungsintensität					Signifikanz
	%	AM[1]	SD[2]	Min-Max[3] („positive" Tiere)	GM[4]	%	AM	SD	Min-Max („positive" Tiere)	GM	Mann-Whitney-U-Test
Magen-Darm-Strongyliden-EpG[5]	73,0	161,5	477,1	25 - 4825	26,9	78,9	146,1	217,3	25 - 925	40,7	0,276
Nematodirus/Marshallagia-EpG	21,6	10,4	24,0	25 - 125	1,2	23,7	8,8	17,7	25 - 75	1,3	0,821
Trichuris-EpG	9,7	9,6	36,8	25 - 325	0,5	15,6	4,7	11,4	25 - 50	0,7	0,341
Capillaria-EpG	7,5	3,6	19,0	25 - 225	0,3	0					0,086
Moniezia-Eier (Nachweis)	10,3	nicht ermittelt				7,9	nicht ermittelt				0,771[6]

[1] Arithmetisches Mittel
[2] Standardabweichung
[3] Minimum-Maximum
[4] Geometrisches Mittel
[5] Eier pro Gramm Kot
[6] Unterschiede der *Moniezia*-Eiausscheidung wurde mittels des Chi-Quadrat-Tests geprüft

Tabelle 11 fasst die Ergebnisse der Untersuchung auf das Vorliegen einer Geschlechterabhängigkeit der Ausscheidung von Parasitenentwicklungsstadien zusammen. Ein signifikanter Unterschied bestand lediglich für die Ausscheidung von *Trichuris*-Eiern.

Tab. 11: Ergebnisse der Untersuchung des Enddarmkotes nach dem Geschlecht der Gämsen

Parasitenent-wicklungsstadien	Böcke (n = 130) Ausscheidungsintensität					Geißen (n = 91) Ausscheidungsintensität					Signifikanz
	%	AM[1]	SD[2]	Min-Max[3] („positive" Tiere)	GM[4]	%	AM	SD	Min-Max („positive" Tiere)	GM	Mann-Whitney-U-Test
Magen-Darm-Strongyliden-EpG[5]	71,5	124,0	183,0	25 - 925	26,5	78,0	209,9	657,3	25 - 4825	33,1	0,921
Nematodirus/Marshallagia-EpG	26,1	13,1	26,8	25 - 125	1,7	16,5	6,0	15,2	25 - 75	0,8	0,062
Trichuris-EpG	7,0	6,5	34,5	25 - 325	0,3	16,5	12,1	33,2	25 - 150	1,0	$p \leq 0,05$
Capillaria-EpG	6,0	21,	9,4	25 - 75	0,2	7,0	4,4	24,9	25 - 225	0,3	0,871
Moniezia-Eier (Nachweis)	8,5	nicht ermittelt				11,0	nicht ermittelt				0,336[6]

[1] Arithmetisches Mittel
[2] Standardabweichung
[3] Minimum-Maximum
[4] Geometrisches Mittel
[5] Eier pro Gramm Kot
[6] Unterschiede der *Moniezia*-Eiausscheidung wurde mittels des Chi-Quadrat-Tests geprüft

4.2 Ergebnisse der parasitologischen Sektion

In allen Aufbrüchen der 223 untersuchten Gämsen konnten Helminthen als Endoparasiten in Labmagen, Dünndarm und/oder Dickdarm nachgewiesen werden; bei der Untersuchung des Pansens sind keine Parasiten gefunden worden. Der Labmagen hatte von den untersuchten Teilabschnitten des Verdauungstraktes mit 100% die höchste Befallsextensität, gefolgt vom Dünndarm mit 88% und vom Dickdarm mit 79%. Während Magen-Darm-Nematoden bei allen Tieren gefunden wurden, parasitierten Bandwürmer im Dünndarm von insgesamt 80 Tieren, Finnen (Cysticercus tenuicollis) sind bei 27 Gämsen am Gekröse mit einer Befallsintensität von ein bis drei Exemplaren festgestellt worden. Die Befallsstärke mit Magen-Darm-Nematoden (Adulte) variierte zwischen 29 und 6717 Würmern und betrug im Durchschnitt (geometrisches Mittel) 715 Nematoden/Stück. Die Gesamtzahl aller nachgewiesenen Nematoden verteilte sich zu 85,6% auf den Labmagen, zu 13,6% und 0,8% auf Dünn- bzw. Dickdarm.

Die Dünndärme zeigten die stärkste Schwankung in der Befallsstärke in den verschiedenen Altersklassen: während die Dünndärme der Kitze fast 20% der Gesamtwurmbürde beherbergten, waren es bei denen der Altersklasse 2 lediglich 7%. Der Dickdarm war bei Gämsen aller Altersklassen das Organ mit der geringsten

Nematodenbürde.

Mit zunehmendem Alter zeichnete sich eine Verschiebung der Anteile der Wurmbürde der jeweiligen Magen-Darm-Kanal-Abschnitte ab: der Anteil des Labmagens am Befall mit Helminthen nahm zu, während sich der Anteil des Dünndarms verringerte (Tab. 12).

Tab. 12: Anteil der Nematodenzahl in den einzelnen Organen am Gesamtbefall des Magen-Darm-Kanals bei den Gämsen

Altersklasse[1]	Anteil der Nematodenzahl am Gesamtbefall des Magen-Darm-Kanals		
	Labmagen	Dünndarm	Dickdarm
4 (n = 43)	79,4%	19,2%	1,4%
3 (n = 76)	80,7%	18,6%	0,7%
2 (n = 85)	93,0%	6,6%	0,4%
1 (n = 19)	86,2%	13,0%	0,8%
Gesamt (n = 223)	85,6%	13,6%	0,8%

[1] Altersklassen nach KNAUS und SCHRÖDER (1983): Klasse 1: Böcke ≥ 8 Jahre, Geißen ≥ 10 Jahre; Klasse 2: Böcke 3-7 Jahre, Geißen 4-9 Jahre; Klasse 3: Böcke 1-2 Jahre, Geißen 1-3 Jahre; Klasse 4: Kitze

Bei der parasitologischen Sektion des Untersuchungsmaterials konnten Vertreter/Entwicklungsstadien von insgesamt 33 Helminthenarten im Magen-Darm-Kanal und am Gekröse der Gämsen nachgewiesen werden. Es wurden 4 Zestodenarten und 29 Nematodenarten differenziert, dabei 12 Nematodenarten im Labmagen, 13 im Dünndarm und vier im Dickdarm. Von den vier Zestodenarten waren drei im Dünndarm und eine am Gekröse anzutreffen.

Folgende Helminthenarten wurden nachgewiesen:

Haemonchus contortus (Rudolphi, 1803) Cobbold, 1898
Marshallagia marshalli (Ransom, 1907) Orloff, 1933
Grosspiculagia occidentalis (Ransom, 1907) Sarwar, 1956
Ostertagia circumcincta (Stadelmann, 1894) Ransom, 1907
Ostertagia trifurcata Ransom, 1907
Ostertagia pinnata Daubney, 1933
Ostertagia ostertagia (Stiles, 1892) Ransom,1907
Ostertagia leptospicularis Asadov, 1953
Skrjabinagia kolchida (Popova, 1937) Andrejeva, 1956
Spiculopteragia böhmi (Gebauer, 1932) Orloff, 1933
Rinadia mathevossiani (Ruchljadev, 1948) Andrejeva, 1957
Trichostrongylus axei (Cobbold, 1879) Railliet und Henry, 1909
Trichostrongylus capricola Ransom, 1907
Trichostrongylus colubriformis (Giles, 1892) Ransom, 1911
Trichostrongylus longispicularis Gordon, 1933
Trichostrongylus vitrinus Looss, 1905
Nematodirus battus Crofton und Thomas, 1951
Nematodirus europaeus Jansen, 1972
Nematodirus filicollis (Rudolphi, 1802) Ransom, 1907
Nematodirus helvetianus May, 1920
Nematodirus rupicaprae Biocca, Balbo und Costantini, 1983
Cooperia oncophora (Railliet, 1898) Ransom, 1907
Cooperia pectinata Ransom, 1907
Cooperia punctata (Linstow, 1906) Ransom, 1907
Capillaria bovis (Schnyder, 1906) Ransom, 1911
Chabertia ovina (Fabricius, 1794) Railliet und Henry, 1909
Oesophagostomum venulosum (Rudolphi, 1809) Railliet und Henry, 1913
Trichuris ovis (Abildgaard, 1795) Smith, 1908
Trichuris globulosa (Linstow, 1901) Ransom, 1911
Moniezia benedeni (Moniez, 1879) Blanchard, 1891
Moniezia expansa (Rudolphi, 1810) Blanchard, 1891
Avitellina centripunctata (Rivolta, 1874) Gough, 1911
Cysticercus tenuicollis von *Taenia hydatigena* Pallas, 1766

In der vorliegenden Arbeit konnten *N. battus*, *N. europaeus*, *N. helvetianus*, *N. rupicaprae*, *Cooperia* (*C.*) *oncophora*, *C. pectinata*, *C. punctata, T. longispicularis, T. globulosa, M. benedeni* und *A. centripunctata* erstmalig als Parasiten bei der Gämse in Deutschland nachgewiesen werden.

Unter anderem bei Nematoden der Unterfamilie Ostertagiinae (*Ostertagia* sensu lato) tritt das Phänomen des Polymorphismus auf. Hierdurch können im selben Wirt gleichzeitig mehrere phänotypische Formen, Morphen, einer Art auftreten, wobei die dominierende Morphe als valide Art angesehen wird (LANCASTER et al., 1983; JANSEN, 1989; SUAREZ und CABARET, 1991; DRÓŻDŻ, 1995; LIÉNARD et al., 2006; SANTÍN-DURÁN et al., 2006).
In der vorliegenden Arbeit trifft dies für die nachfolgend genannten Arten zu:

- *Marshallagia marshalli - Grosspiculagia (Ostertagia) occidentalis*
- *Ostertagia circumcincta - Ostertagia trifurcata* und *Ostertagia pinnata*
- *Ostertagia ostertagi* - [*Skrjabinagia (Ostertagia) lyrata* (nicht nachgewiesen)]
- *Ostertagia leptospicularis - Skrjabinagia kolchida*
- *Spiculopteragia böhmi - Rinadia mathevossiani.*

Zur besseren Vergleichbarkeit mit vorliegenden Publikationen sind die oben genannten Vertreter der Ostertagiinae als eigenständige Arten behandelt worden.

In diversen Untersuchungen aus Frankreich und Spanien (CORTI et al., 1985; TRIMAILLE, 1985; VENTÉJOU, 1985; NOCTURE, 1986; ALCOUFFE 1991/ALCOUFFE et al., 1992; HARS, 1992; PRUD'HOMME u. GAUTHIER, 1992; GONZALO-IGLESIA, 1993; PRUD'HOMME u. DURAND, 1994) ist *N. hugonnetae* bei Gämsen differenziert worden. In seiner Arbeit über Parasiten des Mufflons diskutiert RIGAUD (1985), dass es sich bei *N. hugonnetae* um unreife, jugendliche *N. filicollis*-Formen handelt, die sich bei extremen klimatischen Bedingungen ausbilden, so dass die als *N. hugonnetae* angesprochenen Würmer als Jugendformen der Art *N. filicollis* zuzuordnen sind (HUGONNET, persönliche Mitteilung in RIGAUD, 1985). In der eigenen Arbeit werden *Nematodirus*-Vertreter vom *N. filicollis*-Typ auch als solche bezeichnet.

Unter den Labmagennematoden wurde *Ostertagia* (*O.*) *circumcincta* mit einer Prävalenz von 94% und einer Befallsintensität (geometrisches Mittel) von 156

Nematoden/Gämse am häufigsten isoliert, gefolgt von *Marshallagia* (*M.*) *marshalli* (71%, 42 Nematoden/Stück). Prävalenzen von über 50% wiesen auch die Labmagennematoden *O. pinnata* (64%, 11 Nematoden/Stück) *Haemonchus* (*H.*) *contortus* (57%, 5 Nematoden/Stück), *O. trifurcata* (57%, 8 Nematoden/Stück) und *Grosspiculagia* (*G.*) *occidentalis* (57%, 12 Nematoden/Stück) auf. Mit Befallsextensitäten von weniger als 50% traten *Spiculopteragia* (*S.*) *böhmi, O. leptospicularis*, *Skrjabinagia* (*S.*) *kolchida* und *Rinadia* (*R.*) *mathevossiani* auf. Dabei lagen die Wurmzahlen (geometrisches Mittel) bei unter einem Wurm pro Tier mit Ausnahme von *S. böhmi*, der mit etwa 4 Nematoden/Tier im Labmagen vorhanden war. Bei zwei Tieren wurde *O. ostertagi* gefunden, wobei ein Tier (G2) von 25, das andere (G97) von 765 Exemplaren parasitiert war.
Der Befall von T. axei wies eine Prävalenz von 48% mit bis zu 1335 Nematoden/Tier auf. Bei einem Gams (G194) wurde *T. axei* als alleiniger Labmagennematode (1025 Würmer) gefunden.

Histotrope Nematodenlarven 4 von *H. contortus,* Ostertagiinae und/oder *Trichostrongylus* spp. wurden in der Labmagenschleimhaut von 77% der Gämsen nachgewiesen. Der Anteil dieser Larven am Gesamtnematodenbefall des Labmagens machte 6,5% aus. Für *H. contortus*, Ostertagiinae und *Trichostrongylus* spp. ergaben sich dabei Verhältnisse von Larven 4 zu Adulten von etwa 6 : 100, 7 : 100 bzw. 3 : 100.

Die Schwankungsbreite des Befalls mit Dünndarmnematoden betrug 5 bis 3475 Nematoden/Tier, das geometrische Mittel der Befallsintensität lag bei 36 Würmern/Tier. Mit einer Prävalenz von 50% und einer durchschnittlichen Befallsintensität von 8 Würmern/Tier stellte *N. filicollis* den dominierenden Nematoden des Dünndarms dar, gefolgt von *Capillaria* (*C.*) *bovis* mit einer Prävalenz von 41% und einer Befallsintensität (geometrisches Mittel) von über einem Nematoden/Tier. *Nematodirus battus* war mit einer Befallsextensität von über 27% und einer Befallsintensität von 2 Nematoden/Tier ebenfalls einer der häufigeren Vertreter der Helminthen des Dünndarms.
Folgende Würmer mit Prävalenzen von weniger als 25% zeigten Befallsintensitäten (geometrisches Mittel) von unter einem Wurm/Stück: *T. vitrinus* (20,6%), *T. colubriformis* (8,5%), *N. rupicaprae* (4,5%), *C. oncophora* (1,8%), *N. europaeus* (1,8%), *C. punctata* (1,3%), *T. longispicularis* (0,8%), *N. helvetianus* (0,4%).
Vertreter von *Cooperia* spp. wurden nur bei 7 Tieren nachgewiesen, wobei ein Tier (G74) eine Mischinfektion mit *C. oncophora* und *C. pectinata* aufwies. Die Schwankungsbreite des Befalls mit *Cooperia* spp. lag zwischen 5 und 120 Würmern.

Bei der parasitologischen Sektion wurden bei 80 Tieren Bandwürmer im Dünndarm – *Moniezia* spp. und/oder *A. centripunctata* – gefunden. Bei 27 Gämsen wurden am Gekröse Finnen von *Taenia hydatigena* entdeckt: 20 Tiere wiesen nur eine Finne auf, bei vier Stücken konnten zwei, bei drei Gämsen (G146, G195, G214) jeweils drei Finnenblasen festgestellt werden.

Im Dickdarm der 223 untersuchten Gämsen wurden 2 Strongylidenarten, *C. ovina* und *O. venulosum*, sowie zwei Peitschenwurmarten, *T. ovis* und *T. globulosa*, gefunden. *Oesophagostomum venulosum* war mit einer Prävalenz von etwa 60% und einer Befallsintensität (geometrisches Mittel) von 1,3 Würmer/Tier am häufigsten vertreten, gefolgt von *T. ovis* mit einer Befallsextensität von 35%. *Chabertia ovina* und *T. globulosa* wiesen Prävalenzen von unter 30% auf. Die letztgenannten drei Dickdarmnematoden hatten eine Befallsintensität von weniger als einem Wurm/Tier. Bei 22 Tieren ist eine Mischinfektion mit *T. ovis* und *T. globulosa* festgestellt worden.

In der Tabelle 13 werden die Ergebnisse der parasitologischen Sektion mit Angabe der Befallsextensität, Befallsintensität (arithmetisches und geometrisches Mittel), der Standardabweichung und der Schwankungsbreite des Nematodenbefalls dargestellt.

Tab. 13: Ergebnisse der parasitologischen Sektion der Gämsen (n = 223)

Organ / Parasitenart	Prävalenz n	Prävalenz %	Befallsintensität AM[1]	SD[2]	Min-Max[3] („positive" Tiere)	GM[4]
Labmagen						
Haemonchus contortus	126	56,5	26,7	70,3	5 - 675	5,2
Haemonchus contortus, histotrope Larven 4	26	11,7	1,8	7,1	5 - 75	0,3
Grosspiculagia occidentalis	127	57,0	85,4	157,5	10 - 1145	11,9
Marshallagia marshalli	159	71,3	274,0	425,8	5 - 3145	43,9
Ostertagia circumcincta	209	93,7	302,9	274,4	5 - 1575	155,8
Ostertagia trifurcata	126	56,5	42,9	73,4	10 - 680	8,3
Ostertagia pinnata	142	63,7	41,8	57,3	5 - 420	10,9
Ostertagia ostertagi	2	0,9	3,5	51,2	25 - 756	<0,1
Ostertagia leptospicularis	40	17,9	7,5	25,4	10 - 195	0,8
Skrjabinagia kolchida	30	13,5	2,8	8,5	5 - 55	0,5
Spiculopteragia böhmi	94	42,2	29,4	66,4	10 - 540	3,8
Rinadia mathevossiani	16	7,2	1,2	4,9	5 - 40	0,3
Ostertagiinae, histotrope Larven 4	167	74,9	57,7	103,2	5 - 670	13,9
Trichostrongylus axei	108	48,4	54,5	172,2	5 - 1335	5,3
Trichostrongylus spp., histotrope Larven 4	20	9,0	1,4	6,9	5 - 85	0,2
Dünndarm						
Trichostrongylus capricola	60	26,9	12,7	34,0	5 - 290	1,5
Trichostrongylus colubriformis	19	8,5	3,4	16,8	5 - 155	0,3
Trichostrongylus longispicularis	2	0,8	0,1	1,2	10 - 15	<0,1
Trichostrongylus vitrinus	46	20,6	6,5	23,7	5 - 260	0,8
Nematodirus battus	62	27,8	23,2	64,9	5 - 465	1,9
Nematodirus europaeus	4	1,8	0,3	2,9	10 - 35	<0,1
Nematodirus filicollis	111	49,8	86,3	287,8	5 - 3275	7,8
Nematodirus helvetianus	1	0,4	<0,1	0,3	(5)	<0,1
Nematodirus rupicaprae	10	4,5	1,5	11,5	5 - 150	0,1
Cooperia oncophora	4	1,8	0,6	5,3	5 - 50	0,1
Cooperia pectinata	1	0,4	<0,1	0,3	(5)	<0,1
Cooperia punctata	3	1,3	0,6	8,1	5 - 120	<0,1
Capillaria bovis	91	40,8	3,8	6,2	5 - 35	1,4
Moniezia benedeni	12	5,4	0,1	0,3	1 - 2	<0,1
Moniezia expansa	33	14,8	0,3	1,1	1 - 10	0,2
Moniezia spp.[5]	16	7,2	0,1	0,9	1 - 11	0,1
Avitellina centripunctata	29	13,0	0,2	0,8	1 - 6	0,1
Dickdarm						
Chabertia ovina	60	26,9	0,7	2,2	1 - 24	0,3
Oesophagostomum venulosum	130	58,3	2,9	6,9	1 - 82	1,3
Trichuris ovis	77	34,3	2,7	6,1	1 - 48	0,9
Trichuris globulosa	48	24,5	1,4	4,6	1 - 43	0,4
Trichuris spp., Männchen	11	4,9	0,1	0,5	1 - 5	0,1
Gekröse						
Cysticercus tenuicollis	27	12,1	0,2	0,5	1 - 3	0,1

[1] Arithmetisches Mittel
[2] Standardabweichung
[3] Minimum-Maximum
[4] Geometrisches Mittel
[5] Darstellung der Interproglottialdrüsen zur Differenzierung nicht möglich

Tabelle 14 gibt einen Überblick über die Anzahl an gefundenen Nematodenarten nach Altersklassen sowie in der Zusammenfassung aller 223 untersuchten Stücke. Bei allen Tieren lagen Mischinfektionen mit zwei oder mehr Nematodenarten vor. Mehr als 60% der Tiere wiesen zwischen sieben bis elf Nematodenspezies im Magen-Darm-Kanal auf. Maximal wurden 17 verschiedene Nematodenarten im Magen-Darm-Trakt der untersuchten Gämsen gefunden.

Tab. 14: Vorkommen von Mischinfektionen mit Magen-Darm-Nematoden

Anzahl befallener Gämsen	Anzahl festgestellter Nematodenarten																
	1	2	3	4	5	6	7	8	9	10	11	12	13	14	15	16	17
Klasse 4[1] (n = 43)																	
absolut			1		3	2	5	7	10	9	3	3					
relativ			2,3		7,0	4,7	11,6	16,3	23,3	20,9	7,0	7,0					
Klasse 3 (n = 76)																	
absolut		1	3	4	4	5	10	12	10	9	6	5	3	2	1		1
relativ		1,3	3,9	5,3	5,3	6,6	13,2	15,8	13,2	11,8	7,9	6,6	3,9	2,6	1,3		1,3
Klasse 2 (n = 85)																	
absolut			5	3	2	10	6	18	16	9	6	3	3		2	1	1
relativ			5,9	3,5	2,4	11,8	7,1	21,2	18,8	10,6	7,1	3,5	3,5		2,4	1,2	1,2
Klasse 1 (n = 19)																	
absolut					1	3	2	4	2	2	1	2	1	1			
relativ					5,3	15,8	10,5	21,1	10,5	10,5	5,3	10,5	5,3	5,3			
Alle Klassen (n = 223)																	
absolut		1	9	7	10	20	23	41	38	29	16	13	7	3	3	1	2
relativ		0,4	4,0	3,1	4,5	9,0	10,3	18,4	17,0	13,0	7,2	5,8	3,1	1,3	1,3	0,4	0,9

[1] Altersklassen nach KNAUS und SCHRÖDER (1983): Klasse 1: Böcke ≥ 8 Jahre, Geißen ≥ 10 Jahre; Klasse 2: Böcke 3-7 Jahre, Geißen 4-9 Jahre; Klasse 3: Böcke 1-2 Jahre, Geißen 1-3 Jahre; Klasse 4: Kitze

In Tabelle 15 werden die Anzahl der vorgefundenen Nematodenarten der einzelnen Abschnitte als auch des gesamten Magen-Darm-Kanals nach Altersklassen dargestellt. Es wurden gleichzeitig bis zu 10 verschiedene Nematodenarten im Labmagen gefunden, wobei durchschnittlich (arithmetisches Mittel) 5 Arten pro Tier im Labmagen auftraten. Im Dünndarm sind insgesamt 13 Nematodenspezies nachgewiesen worden; im arithmetischen Mittel wurden pro Tier 1,6 Nematodenarten festgestellt, maximal beherbergten die Gämsen 6 verschiedene Nematodenarten gleichzeitig im Dünndarm. Im Dickdarm waren es lediglich vier Spezies, durchschnittlich (arithmetisches Mittel) 1,4 Nematodenarten/Tier.

Tab. 15: Anzahl der Nematodenarten im Magen-Darm-Kanal der Gämsen

Altersklasse[1]	Anzahl der Nematodenarten in			
	Labmagen	Dünndarm	Dickdarm	Magen-Darm-Kanal
4 (n = 43)	4,8[2] (1 - 8)[3]	2,0 (1 - 6)	1,7 (1 - 4)	8,4 (3 - 12)
3 (n = 76)	5,1 (1 - 10)	2,0 (1 - 5)	1,4 (1 - 4)	8,5 (2 - 17)
2 (n = 85)	5,7 (1 - 10)	1,6 (1 - 6)	1,2 (1 - 4)	8,5 (3 - 17)
1 (n = 19)	5,3 (3 - 8)	1,8 (1 - 6)	1,8 (1 - 4)	8,9 (5 - 14)
Alle (n = 223)	5,3 (1 - 10)	1,9 (1 - 6)	1,4 (1 - 4)	8,6 (2 - 17)

[1] Altersklassen nach KNAUS und SCHRÖDER (1983); Klasse 1: Böcke ≥ 8 Jahre, Geißen ≥ 10 Jahre; Klasse 2: Böcke 3-7 Jahre, Geißen 4-9 Jahre; Klasse 3: Böcke 1-2 Jahre, Geißen 1-3 Jahre; Klasse 4: Kitze
[2] Arithmetisches Mittel der Anzahl der Nematodenarten
[3] Schwankungsbreite der Anzahl an Nematodenarten bei den positiven Tieren

In Tabelle 16 werden die Befallsextensitäten und -intensitäten der 223 untersuchten Magen-Darm-Kanäle der Gämsen nach Altersklasse, Abschnitt sowie Gesamtbefall zusammengestellt.

Die durchschnittliche Befallsintensität (geometrisches Mittel) betrug 756 Nematoden (Adulte + Larven 4), das Organ mit der höchsten Befallsintensität war der Labmagen (579 Adulte + Larven 4), gefolgt von Dünndarm (36 Nematoden) und Dickdarm (4 Nematoden). Dabei schwankte die Befallsstärke mit Magen-Darm-Nematoden zwischen 29 (G55) und 6932 (G171) Nematoden.

Tab. 16: Nematodenbefall des Magen-Darm-Kanals der Gämsen

Organ	Altersklasse[1]	Prävalenz		Befallsintensität			
		n	%	AM[2]	SD[3]	Min-Max[4] („positive" Tiere)	GM[5]
Labmagen (Adulte)	4	43/43	100	651,9	437,0	40 - 1555	474,6
	3	76/76	100	721,4	721,4	25 - 2845	498,6
	2	85/85	100	1124,9	1124,9	20 - 4725	746,6
	1	19/19	100	884,5	884,5	130 - 2085	647,2
	Alle	223/223	100	875,7	743,5	20 - 4725	578,7
Labmagen (histotrope L4)	4	30/43	69,8	40,0	74,5	5 - 415	9,7
	3	61/76	77,6	60,4	91,1	5 - 415	15,8
	2	67/85	78,8	68,6	115,9	5 - 615	18,4
	1	14/19	73,7	76,6	159,4	5 - 670	15,3
	Alle	172/223	77,1	61,0	105,5	5 - 670	15,7
Dünndarm	4	42/43	97,7	167,7	216,9	10 - 860	79,8
	3	66/76	86,8	182,0	445,9	5 - 3745	43,8
	2	73/85	85,9	84,9	149,8	5 - 940	21,0
	1	15/19	78,9	145,5	245,5	5 - 895	24,3
	Alle	196/223	87,9	139,2	302,1	5 - 3745	35,8
Dickdarm	4	39/43	90,7	11,8	10,1	1 - 46	2,7
	3	61/76	80,3	8,0	17,4	1 - 127	3,1
	2	59/85	69,4	5,7	9,6	1 - 62	2,5
	1	18/19	94,7	8,3	11,1	1 - 48	4,9
	Alle	177/223	79,4	7,9	13,1	1 - 127	3,6
Magen-Darm-Kanal (Adulte)	4	43/43	100	834,3	585,1	57 - 2433	635,4
	3	76/76	100	910,1	904,2	37 - 6717	623,5
	2	85/85	100	1215,6	959,7	29 - 4982	837,0
	1	19/19	100	1037,3	717,5	132 - 2598	802,1
	Alle	223/223	100	1022,8	869,8	29 - 6717	715,3
Magen-Darm-Kanal (Adulte + histotrope L4)	4	43/43	100	874,3	617,7	57 - 2478	660,0
	3	76/76	100	970,5	947,0	42 - 6932	669,4
	2	85/85	100	1284,2	1032,6	29 - 5492	880,7
	1	19/19	100	1114,3	1114,3	132 - 2658	847,0
	Alle	223/223	100	1083,7	922,1	29 - 6932	756,2

[1] Altersklassen nach KNAUS und SCHRÖDER (1983); Klasse 1: Böcke ≥ 8 Jahre, Geißen ≥ 10 Jahre; Klasse 2: Böcke 3-7 Jahre, Geißen 4-9 Jahre; Klasse 3: Böcke 1-2 Jahre, Geißen 1-3 Jahre; Klasse 4: Kitze
[2] Arithmetisches Mittel
[3] Standardabweichung
[4] Minimum-Maximum
[5] Geometrisches Mittel

In Abbildung 1 wird der Befall mit Magen-Darm-Nematoden der Gämsen nach Altersklassen sowie Organen – Labmagen, Dünndarm, Dickdarm und gesamter Magen-Darm-Kanal – graphisch dargestellt.

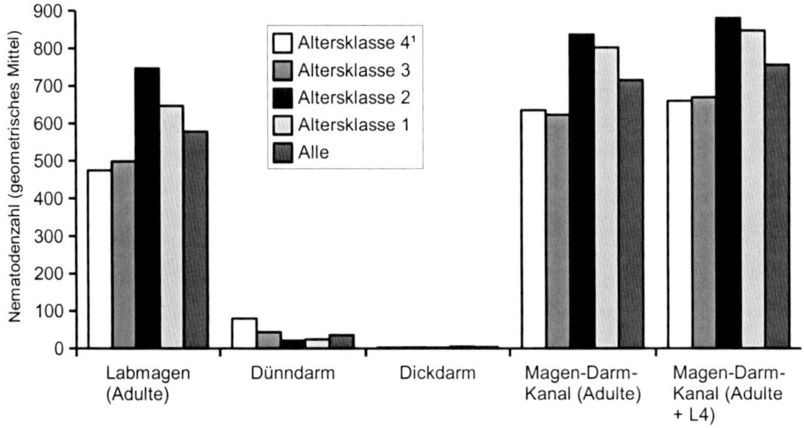

[1] Altersklassen nach KNAUS und SCHRÖDER (1983); Klasse 1: Böcke ≥ 8 Jahre, Geißen ≥ 10 Jahre; Klasse 2: Böcke 3-7 Jahre, Geißen 4-9 Jahre; Klasse 3: Böcke 1-2 Jahre, Geißen 1-3 Jahre; Klasse 4: Kitze

Abb.1: Nematodenbefall der Gämsen nach Altersklassen

In den Tabellen 17 bis 20 werden die Nematodenbürden der einzelnen Abschnitte – Labmagen, Dünn- und Dickdarm – sowie des gesamten Magen-Darm-Kanals nach Altersklassen und in der Gesamtheit aller untersuchten Stücke zusammengefasst.

Über die Hälfte der Tiere beherbergte ≤1000 Würmer im Labmagen, bei knapp 10% aller untersuchten Labmägen der Gämsen sind über 2000 Nematoden gezählt worden (Tab. 17).

Tab. 17: Klassifizierung der Intensität des Befalls mit Labmagennematoden

Befallsintensität	Prozentsatz befallener Gämsen in den Altersklassen[1]				
	4	3	2	1	Alle
	(n = 43)	(n = 76)	(n = 85)	(n = 19)	(n = 223)
≤100	6,6	6,6	5,9		5,8
101 - 500	32,6	36,8	21,2	31,6	29,6
501 - 1000	32,6	27,6	21,2	26,3	26,0
1001 - 2000	27,9	23,7	36,5	26,3	29,6
2001 - 3000		3,9	8,2	15,8	5,8
≥ 3001		1,3	7,1		3,1

[1] Altersklassen nach KNAUS und SCHRÖDER (1983): Klasse 1: Böcke ≥ 8 Jahre, Geißen ≥ 10 Jahre; Klasse 2: Böcke 3-7 Jahre, Geißen 4-9 Jahre; Klasse 3: Böcke 1-2 Jahre, Geißen 1-3 Jahre; Klasse 4: Kitze

Mehr als 50% der untersuchten Dünndärme beherbergten weniger als 51 Nematoden (Tab. 18).

Tab. 18: Klassifizierung der Intensität des Befalls mit Dünndarmnematoden

Befallsintensität	Prozentsatz befallener Gämsen in den Altersklassen[1]				
	4	3	2	1	Alle
	(n = 43)	(n = 76)	(n = 85)	(n = 19)	(n = 223)
≤ 50	37,2	43,4	65,9	63,2	52,5
51 - 100	18,6	18,4	10,6	10,5	14,8
101 - 200	23,3	11,8	7,1	5,3	11,7
201 - 300	7,0	9,2	8,2		7,6
301 - 500	2,3	11,8	5,9	10,5	7,6
501 - 1000	11,6	3,9	2,3	10,5	5,4
≥ 1001		1,3			0,4

[1] Altersklassen nach KNAUS und SCHRÖDER (1983): Klasse 1: Böcke ≥ 8 Jahre, Geißen ≥ 10 Jahre; Klasse 2: Böcke 3-7 Jahre, Geißen 4-9 Jahre; Klasse 3: Böcke 1-2 Jahre, Geißen 1-3 Jahre; Klasse 4: Kitze

Der Dickdarm wies den geringsten durchschnittlichen Befall auf. Insgesamt 140 Tiere wiesen maximal fünf Nematoden im Dickdarm auf, nur 11 Tiere waren mit mehr als 30 Nematoden in diesem Darmabschnitt befallen (Tab. 19).

Tab. 19: Klassifizierung der Intensität des Befalls mit Dickdarmnematoden

Befallsintensität	Prozentsatz befallener Gämsen in den Altersklassen[1]				
	4	3	2	1	Alle
	(n = 43)	(n = 76)	(n = 85)	(n = 19)	(n = 223)
≤ 5	46,5	68,4	67,1	57,9	62,8
6 - 10	16,3	11,8	11,8	21,1	13,5
11 - 20	25,6	10,5	16,5	15,8	16,1
21 - 30	7,0	2,6	1,2		2,7
31 - 50	4,7	3,9	2,4	5,3	3,6
≥ 51		2,6	1,2		1,3

[1] Altersklassen nach KNAUS und SCHRÖDER (1983): Klasse 1: Böcke ≥ 8 Jahre, Geißen ≥ 10 Jahre; Klasse 2: Böcke 3-7 Jahre, Geißen 4-9 Jahre; Klasse 3: Böcke 1-2 Jahre, Geißen 1-3 Jahre; Klasse 4: Kitze

Bei mehr als der Hälfte der Tiere wurde eine Wurmbürde von unter 1000 Nematoden/Stück festgestellt; etwa drei Prozent der untersuchten Gämsen hatten über 3000 Nematoden im Magen-Darm-Kanal (Tab. 20).

Tab. 20: Klassifizierung der Intensität des Befalls mit Magen-Darm-Nematoden

Befallsintensität	Prozentsatz befallener Gämsen in den Altersklassen[1]				
	4	3	2	1	Alle
	(n = 43)	(n = 76)	(n = 85)	(n = 19)	(n = 223)
≤ 100	2,3	5,3	4,7		4,0
101 - 500	34,9	22,4	17,6	21,1	22,9
501 - 1000	30,2	38,2	23,5	36,8	30,9
1001 - 2000	25,6	25,0	36,5	21,1	29,1
2001 - 3000	7,0	7,9	10,6	21,1	9,9
≥ 3001		1,3	7,1		3,1

[1] Altersklassen nach KNAUS und SCHRÖDER (1983): Klasse 1: Böcke ≥ 8 Jahre, Geißen ≥ 10 Jahre; Klasse 2: Böcke 3-7 Jahre, Geißen 4-9 Jahre; Klasse 3: Böcke 1-2 Jahre, Geißen 1-3 Jahre; Klasse 4: Kitze

Die Tabelle 21 fasst den Befall der Gämsen mit Labmagennematoden nach Altersklassen zusammen. Trotz vieler isolierter Labmagennematodenspezies fanden sich wenig signifikante altersabhängige Unterschiede. Lediglich der Befall mit *H. contortus* und *T. axei* wies eine gerichtete Signifikanz auf: ältere Tiere beherbergten höhere Wurmbürden als Kitze; auch nahm die Befallsextensität mit steigendem Alter zu. Während bei Kitzen bei einer Prävalenz von 37% etwa 2 *H. contortus*/Stück parasitierten, stieg die Befallsextensität bei Tieren der Altersklasse 1 auf 74% mit 10 Exemplaren/Gämse.

Auch bei *T. axei* waren Kitze mit durchschnittlich einem Nematoden/Tier signifikant geringergradig befallen als Gämsen der anderen Altersklassen; so sind bei Stücken der Altersklasse 1 im Durchschnitt (geometrisches Mittel) 14 *T. axei*/Gämse im Labmagen isoliert worden.

Tab. 21: Ergebnisse der parasitologischen Sektion des Labmagens (n = 223) – nach Altersklassen

Parasit	Altersklasse[1]	Prävalenz n	Prävalenz %	Befallsintensität AM[2]	SD[3]	Min-Max[4] („positive" Tiere)	GM[5]	Signifikanz (Kruskal-Wallis-Test)
Haemonchus contortus	4	16/43	37,2	7,6	17,7	5 - 90	1,6[a]	$p \leq 0,05$
	3	45/76	59,2	31,6	84,1	5 - 675	5,9[b]	
	2	51/85	60,0	33,7	58,3	5 - 315	6,6[b]	
	1	14/19	73,7	54,5	113,8	5 - 475	10,0[b]	
Haemonchus contortus, histotrope Larven 4	4	3/43	7,0	0,8	3,1	10 - 15	0,1[b]	$p \leq 0,05$
	3	5/76	6,6	0,7	3,2	5 - 25	0,2[b]	
	2	13/85	15,3	3,1	10,2	5 - 75	0,5[a, b]	
	1	5/19	26,3	3,4	6,9	5 - 20	1,0[a]	
Grosspiculagia occidentalis	4	20/43	46,5	47,4	82,8	10 - 290	5,7[b]	$p \leq 0,05$
	3	43/76	56,6	62,2	89,1	10 - 350	10,4[a, b]	
	2	56/85	65,9	132,2	221,5	10 - 1145	19,9[a]	
	1	8/19	42,1	54,1	103,4	15 - 340	5,5[a, b]	
Marshallagia marshalli	4	29/43	55,8	156,9	230,7	15 - 920	25,2[b]	$p \leq 0,05$
	3	49/76	60,5	212,2	298,9	15 - 1495	29,4[b]	
	2	68/85	80,0	398,7	569,3	5 - 3145	79,0[a]	
	1	13/19	68,4	228,4	321,3	10 - 1120	35,0[a, b]	
Ostertagia circumcincta	4	42/43	97,2	331,5	221,9	25 - 820	220,6	0,131
	3	71/76	93,4	268,9	273,0	5 - 1200	131,7	
	2	79/85	92,9	338,1	312,1	5 - 1575	164,7	
	1	17/19	89,5	217,4	167,7	15 - 590	108,2	
Ostertagia pinnata	4	29/43	67,1	43,0	46,7	5 - 165	12,7	0,154
	3	41/76	51,9	36,0	62,5	5 - 420	7,1	
	2	59/85	69,4	49,4	61,7	10 - 295	14,9	
	1	13/19	68,4	28,2	28,3	5 - 90	10,1	
Ostertagia trifurcata	4	28/43	65,1	35,7	40,5	15 - 150	10,9	0,375
	3	37/76	48,7	45,7	96,6	10 - 680	6,2	
	2	52/85	61,2	47,8	67,7	10 - 345	10,4	
	1	9/19	47,4	26,6	41,8	10 - 160	4,9	
Ostertagia circumcincta + *Ostertagia pinnata* + *Ostertagia trifurcata*	4	42/43	97,7	410,2	280,4	40 - 1030	272,4	0,119
	3	71/76	93,4	350,6	391,9	5 - 2300	161,2	
	2	81/85	95,3	435,2	392,4	5 - 1795	224,9	
	1	17/19	89,5	272,1	194,0	20 - 620	134,1	

[1] Altersklassen nach KNAUS und SCHRÖDER (1983); Klasse 1: Böcke ≥ 8 Jahre, Geißen ≥ 10 Jahre; Klasse 2: Böcke 3-7 Jahre, Geißen 4-9 Jahre; Klasse 3: Böcke 1-2 Jahre, Geißen 1-3 Jahre; Klasse 4: Kitze
[2] Arithmetisches Mittel
[3] Standardabweichung
[4] Minimum-Maximum
[5] Geometrisches Mittel
[a, b] Werte mit ungleichem hochgestellten Index unterscheiden sich signifikant ($p \leq 0,05$) voneinander (U-Test)

Tab. 21 (Fortsetzung): Ergebnisse der parasitologischen Sektion des Labmagens (n = 223) – nach Altersklassen

Parasit	Altersklasse[1]	Prävalenz n	Prävalenz %	Befallsintensität AM[2]	SD[3]	Min-Max[4] („positive" Tiere)	GM[5]	Signifikanz (Kruskal-Wallis-Test)
Ostertagia leptospicularis	4	10/43	23,3	11,6	30,3	10 - 135	1,3	0,607
	3	13/76	17,1	4,9	16,6	10 - 115	0,7	
	2	15/85	17,7	8,6	30,8	10 - 195	0,8	
	1	2/19	10,3	3,7	11,5	25 - 45	0,5	
Skrjabinagia kolchida	4	5/43	11,6	3,1	10,3	10 - 55	0,5	0,539
	3	13/76	17,1	3,4	8,5	5 - 35	0,7	
	2	11/85	12,1	2,5	8,4	5 - 55	0,4	
	1	1/19	5,2	0,8	3,4	(15)	0,2	
Ostertagia leptospicularis + Skrjabinagia kolchida	4	14/43	32,6	14,8	35,9	10 - 185	2,1	0,812
	3	20/76	26,3	8,4	22,3	5 - 145	1,3	
	2	24/85	28,2	11,1	31,8	5 - 195	1,5	
	1	3/19	5,3	4,5	11,8	15 - 45	0,7	
Spiculopteragia böhmi	4	15/43	34,9	8,7	14,4	10 - 65	2,0	0,141
	3	30/76	39,5	25,3	50,1	10 - 285	3,5	
	2	38/85	44,7	36,8	83,7	10 - 540	4,4	
	1	11/19	57,9	59,7	92,2	15 - 285	9,8	
Rinadia mathevossiani	4	2/43	4,7	0,9	4,4	15 - 25	0,2	0,451
	3	5/76	6,6	0,7	2,6	5 - 15	0,2	
	2	6/85	7,1	1,3	5,5	10 - 40	0,2	
	1	3/19	15,8	3,2	8,7	10 - 35	0,6	
Spiculopteragia böhmi + Rinadia mathevossiani	4	15/43	34,9	9,7	16,2	10 - 65	2,1	0,114
	3	32/76	42,1	26,0	50,7	10 - 285	3,8	
	2	39/85	45,9	38,1	84,8	10 - 540	4,8	
	1	11/19	57,9	62,9	93,9	15 - 285	10,5	
Ostertagia leptospicularis + Spiculopteragia böhmi + Skrjabinagia kolchida + Rinadia mathevossiani	4	23/43	53,5	24,4	40,2	10 - 205	5,6	0,259
	3	35/76	46,1	34,3	69,7	10 - 430	4,9	
	2	46/85	54,1	49,2	93,3	10 - 545	7,3	
	1	13/19	68,4	67,4	98,9	15 - 330	15,0	
Ostertagia ostertagi	4	0/43					0	nicht untersucht
	3	1/76	1,3	0,3	2,9	(25)	<0,1	
	2	1/85	1,2	9,0	83,0	(765)	0,1	
	1	0/19					0	

[1] Altersklassen nach KNAUS und SCHRÖDER (1983); Klasse 1: Böcke ≥ 8 Jahre, Geißen ≥ 10 Jahre; Klasse 2: Böcke 3-7 Jahre, Geißen 4-9 Jahre; Klasse 3: Böcke 1-2 Jahre, Geißen 1-3 Jahre; Klasse 4: Kitze
[2] Arithmetisches Mittel
[3] Standardabweichung
[4] Minimum-Maximum
[5] Geometrisches Mittel

Tab. 21 (Fortsetzung): Ergebnisse der parasitologischen Sektion des Labmagens (n=223) – nach Altersklassen

Parasit	Altersklasse[1]	Prävalenz		Befallsintensität				Signifikanz
		n	%	AM[2]	SD[3]	Min-Max[4] („positive" Tiere)	GM[5]	(Kruskal-Wallis-Test)
Ostertagiinae, histotrope Larven 4	4	29/43	67,4	38,0	74,0	5 - 415	8,7	0,461
	3	59/76	77,6	58,7	90,5	5 - 415	15,5	
	2	65/85	76,5	63,5	111,7	5 - 615	15,8	
	1	14/19	73,7	72,1	157,8	5 - 670	14,1	
Trichostrongylus axei	4	9/43	20,9	5,3	13,1	10 - 65	0,9[a]	$p \leq 0,05$
	3	40/76	52,6	30,1	50,4	5 - 215	5,7[b]	
	2	49/85	57,7	66,9	182,5	5 - 1235	8,1[b]	
	1	10/19	52,6	207,9	407,0	35 - 1335	14,0[b]	
Trichostrongylus spp., histotrope Larven 4	4	4/43	9,3	1,2	4,1	10 - 20	0,3	0,993
	3	7/76	9,2	1,1	3,9	5 - 25	0,3	
	2	7/85	8,2	2,0	10,0	5 - 85	0,3	
	1	2/19	10,5	1,1	3,2	35 - 10	0,3	
Summe Labmagennematoden (Adulte)	4	43/43	100	651,9	437,0	40 - 1555	474,6[b]	$p \leq 0,05$
	3	76/76	100	721,4	616,5	25 - 2845	498,6[b]	
	2	85/85	100	1124,9	914,7	20 - 4725	746,6[a]	
	1	19/19	100	884,5	609,6	130 - 2085	674,2[a, b]	

[1] Altersklassen nach KNAUS und SCHRÖDER (1983); Klasse 1: Böcke ≥ 8 Jahre, Geißen ≥ 10 Jahre; Klasse 2: Böcke 3-7 Jahre, Geißen 4-9 Jahre; Klasse 3: Böcke 1-2 Jahre, Geißen 1-3 Jahre; Klasse 4: Kitze
[2] Arithmetisches Mittel
[3] Standardabweichung
[4] Minimum-Maximum
[5] Geometrisches Mittel
[a, b] Werte mit ungleich hochgestelltem Index unterscheiden sich signifikant ($p \leq 0,05$) voneinander (U-Test)

In der Tabelle 22 wird die statistische Auswertung des Dünndarmnematodenbefalls nach Altersklassen zusammengefasst.

Lediglich für *N. filicollis* und *C. bovis* sind deutliche Altersabhängigkeiten festgestellt worden. Während bei *N. filicollis* Kitze eine wesentlich höhere durchschnittliche Wurmbürde (geometrisches Mittel) als Tiere der anderen Altersklassen aufwiesen, verhielt es sich bei *C. bovis* umgekehrt – bei alten Stücken wurden mehr Nematoden isoliert als aus Kitzen.

Tab. 22: Ergebnisse der parasitologischen Sektion des Dünndarmes, Nematoden (n = 223) – nach Altersklassen

Parasit	Alters-klasse[1]	Prävalenz		Befallsintensität				Signifikanz
		n	%	AM[2]	SD[3]	Min-Max[4] („positive“ Tiere)	GM[5]	(Kruskal-Wallis-Test)
Trichostrongylus capricola	4	10/43	23,3	3,7	9,3	5 - 45	0,8	0,109
	3	28/76	36,8	15,4	29,8	5 - 180	2,6	
	2	19/85	22,4	15,2	43,5	5 - 290	1,4	
	1	3/19	15,8	11,3	35,2	10 - 145	0,8	
Trichostrongylus colubriformis	4	2/43	4,7	0,2	1,1	(5)	0,1	0,132
	3	8/76	10,5	4,7	17,7	10 - 100	0,4	
	2	5/85	5,9	2,6	14,2	15 - 100	0,2	
	1	4/19	21,1	9,2	35,4	5 - 155	0,8	
Trichostrongylus longispicularis	4	0/43					0	nicht untersucht
	3	0/76					0	
	2	2/85	2,4	0,3	1,9	10 - 15	0,1	
	1	0/19					0	
Trichostrongylus vitrinus	4	8/43	18,6	1,9	4,9	5 - 25	0,5[a, b]	p ≤ 0,05
	3	23/76	30,3	7,1	14,3	5 - 60	1,5[b]	
	2	10/85	11,8	6,7	31,7	5 - 260	0,5[a]	
	1	5/19	26,3	14,0	35,2	5 - 135	1,5[a, b]	
Nematodirus battus	4	16/43	37,2	15,9	0,0	10 - 140	2,6	0,170
	3	23/76	30,3	38,2	93,0	15 - 465	2,8	
	2	17/85	20,0	10,8	31,4	5 - 170	1,0	
	1	6/19	31,6	34,7	83,1	10 - 320	2,7	
Nematodirus filicollis	4	33/43	76,7	134,6	204,6	5 - 785	32,1[a]	p ≤ 0,05
	3	43/76	56,6	111,7	440,3	5 - 3725	8,4[b]	
	2	30/85	35,3	43,7	115,1	5 - 815	3,2[c]	
	1	5/19	26,3	66,6	192,4	10 - 825	2,5[b, c]	

[1] Altersklassen nach KNAUS und SCHRÖDER (1983); Klasse 1: Böcke ≥ 8 Jahre, Geißen ≥ 10 Jahre; Klasse 2: Böcke 3-7 Jahre, Geißen 4-9 Jahre; Klasse 3: Böcke 1-2 Jahre, Geißen 1-3 Jahre; Klasse 4: Kitze
[2] Arithmetisches Mittel
[3] Standardabweichung
[4] Minimum-Maximum
[5] Geometrisches Mittel
[a, b, c] Werte mit ungleichem hochgestellten Index unterscheiden sich signifikant (p≤0,05) voneinander (U-Test)

Tab. 22 (Fortsetzung): Ergebnisse der parasitologischen Sektion des Dünndarmes, Nematoden (n = 223) – nach Altersklassen

Parasit	Altersklasse[1]	Prävalenz n	Prävalenz %	Befallsintensität AM[2]	SD[3]	Min-Max[4] („positive" Tiere)	GM[5]	Signifikanz (Kruskal-Wallis-Test)
Nematodirus rupicaprae	4	4/43	9,3	6,4	25,5	20 - 150	0,5	nicht untersucht
	3	1/76	1,3	0,1	1,2	(10)	<0,1	
	2	5/85	5,9	0,7	3,0	5 - 20	0,2	
	1	0/19					0	
Nematodirus europaeus	4	0/43					0	nicht untersucht
	3	4/76	5,3	1,1	5,0	10 - 35	0,2	
	2	0/85					0	
	1	0/19					0	
Nematodirus helvetianus	4	1/43	2,3	0,1	0,8	(5)	<0,1	nicht untersucht
	3	0/76					0	
	2	0/85					0	
	1	0/19					0	
Cooperia oncophora	4	3/43	7,0	3,1	11,8	35 - 50	0,3	nicht untersucht
	3	1/76	1,3	0,1	0,6	(5)	<0,1	
	2	0/85					0	
	1	0/19					0	
Cooperia pectinata	4	1/43	2,3	0,1	0,8	(5)	<0,1	nicht untersucht
	3	0/76					0	
	2	0/85					0	
	1	0/19					0	
Cooperia punctata	4	2/43	4,7	3,0	18,3	10 - 120	0,2	nicht untersucht
	3	1/76	1,3	0,1	0,6	(5)	<0,1	
	2	0/85					0	
	1	0/19					0	
Capillaria bovis	4	9/43	20,9	1,5	3,7	5 - 20	$0,5^{a}$	$p \leq 0,05$
	3	24/76	31,6	7,3	5,1	5 - 25	$0,9^{b}$	
	2	47/85	55,3	5,0	6,5	5 - 35	$2,3^{c}$	
	1	11/19	57,9	9,2	10,2	5 - 860	$3,7^{b,c}$	
Summe Dünndarmnematoden	4	42/43	97,7	167,7	216,9	10 - 860	$79,8^{a}$	$p \leq 0,05$
	3	66/76	86,8	182,0	445,9	5 - 3745	$43,8^{a,c}$	
	2	73/85	85,9	84,9	149,8	5 - 940	$21,0^{b}$	
	1	15/19	78,9	145,5	245,5	5 - 895	$24,3^{b,c}$	

[1] Altersklassen nach KNAUS und SCHRÖDER (1983); Klasse 1: Böcke ≥ 8 Jahre, Geißen ≥ 10 Jahre; Klasse 2: Böcke 3-7 Jahre, Geißen 4-9 Jahre; Klasse 3: Böcke 1-2 Jahre, Geißen 1-3 Jahre; Klasse 4: Kitze
[2] Arithmetisches Mittel
[3] Standardabweichung
[4] Minimum-Maximum
[5] Geometrisches Mittel
[a, b, c] Werte mit ungleichem hochgestellten Index unterscheiden sich signifikant ($p \leq 0,05$) voneinander (U-Test)

Tabelle 23 zeigt die Ergebnisse der Auswertung altersabhängiger Unterschiede des Befalls mit Bandwürmern im Dünndarm sowie mit Cysticercus tenuicollis am Gekröse.

Tab. 23: Bandwurmbefall der Gämsen (n = 223) – nach Altersklassen

Parasit	Alters-klasse[1]	Prävalenz		Befallsintensität				Signifikanz
		n	%	AM[2]	SD[3]	Min-Max[4] („positive" Tiere)	GM[5]	(Kruskal-Wallis-Test)
Moniezia benedeni	4	2/43	4,7	0,1	0,2	(1)	<0,1	0,712
	3	5/76	6,6	0,1	0,3	(1)	0,1	
	2	5/85	5,9	0,1	0,4	1 - 2	0,1	
	1	0/19					0	
Moniezia expansa	4	15/43	34,9	1,1	2,2	1 - 10	0,6[a]	p ≤ 0,05
	3	10/76	13,2	0,2	0,6	1 - 3	0,1[b]	
	2	8/85	9,4	0,1	0,4	1 - 2	0,1[b]	
	1	0/19					0[b]	
Moniezia spp.[6] (nicht differenziert)	4	7/43	16,3	0,3	0,7	1 - 3	0,2	0,062
	3	4/76	5,3	0,2	1,3	1 - 11	0,1	
	2	5/85	5,9	0,1	0,4	1 - 3	0,1	
	1	0/19					0	
Moniezia, total	4	22/43	51,2	1,4	2,2	1 - 10	0,8[a]	p ≤ 0,05
	3	18/76	23,7	0,5	1,4	1 - 11	0,2[b, c]	
	2	17/85	20,0	0,3	0,7	1 - 4	0,2[b]	
	1	0/19					0[c]	
Avitellina centripunctata	4	0/43					0[a]	p ≤ 0,05
	3	10/76	13,2	0,4	1,1	1 - 6	0,2[b]	
	2	16/85	18,8	0,3	0,7	1 - 4	0,2[b]	
	1	3/19	15,8	0,2	0,5	1 - 2	0,1[b]	
Cysticercus tenuicollis	4	0/43					0[c]	p ≤ 0,05
	3	4/76	5,3	0,1	0,3	1 - 2	<0,1[b, c]	
	2	12/85	14,1	0,2	0,6	1 - 3	0,1[b]	
	1	11/19	57,9	0,8	0,9	1 - 3	0,7[a]	

[1] Altersklassen nach KNAUS und SCHRÖDER (1983); Klasse 1: Böcke ≥ 8 Jahre, Geißen ≥ 10 Jahre; Klasse 2: Böcke 3-7 Jahre, Geißen 4-9 Jahre; Klasse 3: Böcke 1-2 Jahre, Geißen 1-3 Jahre; Klasse 4: Kitze
[2] Arithmetisches Mittel
[3] Standardabweichung
[4] Minimum-Maximum
[5] Geometrisches Mittel
[6] Darstellung der Interproglottialdrüsen zur Differenzierung nicht möglich
[a, b, c] Werte mit ungleichem hochgestellten Index unterscheiden sich signifikant (p≤0,05) voneinander (U-Test)

Bei *M. expansa* sowie bei *Moniezia* total wurde eine deutliche Altersabhängigkeit im Befall festgestellt. Während ein Drittel der Kitze einen Befall mit bis zu 10 Bandwürmern aufwies, nahmen die Prävalenz (13 bzw. 10%) und die Befallsintensität in den Altersklassen 3 und 2 zunehmend ab; alle Tiere der Altersklasse 1 waren *Moniezia*-negativ. Bei *A. centripunctata* hingegen zeigten ältere Tiere eine signifikant höhere Befallsintensität (geometrisches Mittel) als Kitze. Während bei Kitzen keine Bandwürmer gefundenen wurden, konnten bei Tieren der anderen Altersklassen Befallsintensitäten von bis zu 6 Bandwürmer/Tier bei Befallsextensitäten von bis zu 18% festgestellt werden. Auch der Finnenbefall am Gekröse zeigte eine Altersabhängigkeit – Kitze wiesen im Gegensatz zu älteren Tieren Finnen nicht auf.

In der Tabelle 24 ist der Befall der Gämsen mit Dickdarmnematoden nach Altersklassen zusammengefasst.

Bei *C. ovina* war eine gerichtete Altersabhängigkeit vorhanden. Hierbei hatten Tiere der Altersklasse 1 eine höhere Wurmbürde als jüngere Tiere. Auch nahm mit zunehmendem Alter die Befallsextensität zu. Ebenfalls wurde bei Peitschenwürmern ein signifikanter Einfluss des Alters nachgewiesen: Kitze waren signifikant stärker mit *Trichuris* total befallen als ältere Tiere. Sind bei Kitzen durchschnittlich sechs Exemplare von *Trichuris* spp. nachgewiesen worden, war es bei den Tieren der anderen Altersklassen nur ein Exemplar pro Gämse.

Ebenfalls wurde beim Vergleich der Gesamtwurmbürde des Dickdarms eine signifikante Altersabhängigkeit festgestellt. Während jüngere Tiere durchschnittlich drei Nematoden/Tier beherbergten, waren bei den Tieren der Altersklasse 1 im Mittel annähernd fünf Nematoden im Dickdarm nachweisbar.

Tab. 24: Ergebnisse der parasitologischen Sektion des Dickdarmes (n = 223) – nach Altersklassen

Parasit	Altersklasse[1]	Prävalenz n	Prävalenz %	Befallsintensität AM[2]	SD[3]	Min-Max[4] („positive" Tiere)	GM[5]	Signifikanz (Kruskal-Wallis-Test)
Chabertia ovina	4	7/43	16,3	0,2	0,6	1 - 2	0,2^{b}	p ≤ 0,05
	3	16/76	21,1	0,6	2,8	1 - 24	0,3^{b}	
	2	26/85	30,6	0,8	2,0	1 - 13	0,4^{b}	
	1	11/19	57,9	1,5	2,7	1 - 12	0,9^{a}	
Oesophagostomum venulosum	4	20/43	46,5	0,2	3,3	1 - 17	0,9	0,180
	3	50/76	65,8	4,0	10,7	1 - 82	1,5	
	2	46/85	54,1	2,4	0,0	1 - 15	1,2	
	1	14/19	73,7	3,5	0,0	1 - 18	1,9	
Trichuris ovis	4	31/43	72,1	6,1	6,8	2 - 27	3,3^{a}	p ≤ 0,05
	3	22/76	29,0	1,9	4,6	1 - 26	0,7$^{b, c}$	
	2	16/85	18,8	1,8	6,1	2 - 48	0,5^{b}	
	1	8/19	42,1	3,1	6,9	1 - 28	1,0^{c}	
Trichuris globulosa	4	17/43	39,5	3,7	8,2	1 - 43	1,2^{a}	p ≤ 0,05
	3	17/76	22,4	1,3	3,7	1 - 21	0,4^{b}	
	2	13/85	15,3	0,7	2,6	1 - 19	0,2^{b}	
	1	1/19	5,3	0,2	0,7	(3)	0,1^{b}	
Trichuris spp., Männchen	4	1/43	2,3	0,1	0,3	(2)	<0,1	0,491
	3	5/76	6,6	0,1	0,6	1 - 5	0,1	
	2	4/85	4,7	0,1	0,5	1 - 4	<0,1	
	1	1/19	5,3	0,1	0,2	(1)	<0,1	
Trichuris, total	4	38/43	88,4	9,8	9,6	1 - 45	6,2^{a}	p ≤ 0,05
	3	37/76	48,7	3,3	6,8	1 - 36	1,2^{b}	
	2	30/85	32,3	2,5	7,1	1 - 48	0,8^{b}	
	1	9/19	47,4	3,3	6,9	1 - 28	1,2^{b}	
Summe Dickdarmnematoden	4	39/43	90,7	11,8	10,1	1 - 46	2,7^{a}	p ≤ 0,05
	3	61/76	80,3	8,0	17,4	1 - 127	3,1^{b}	
	2	59/85	69,4	5,7	9,6	1 - 62	2,5^{b}	
	1	18/19	94,7	8,3	11,1	1 - 48	4,9^{b}	

[1] Altersklassen nach KNAUS und SCHRÖDER (1983); Klasse 1: Böcke ≥ 8 Jahre, Geißen ≥ 10 Jahre; Klasse 2: Böcke 3-7 Jahre, Geißen 4-9 Jahre; Klasse 3: Böcke 1-2 Jahre, Geißen 1-3 Jahre; Klasse 4: Kitze
[2] Arithmetisches Mittel
[3] Standardabweichung
[4] Minimum-Maximum
[5] Geometrisches Mittel
[a, b, c] Werte mit ungleichem hochgestellten Index unterscheiden sich signifikant (p≤0,05) voneinander (U-Test)

In der Tabelle 25 wird der Gesamtnematodenbefall (Adulte sowie Adulte + histotrope Larven 4) nach Altersklassen zusammengefasst. Dabei zeigte sich eine signifikante Altersabhängigkeit: Tiere der Altersklassen 2 und 1 beherbergten mehr adulte Nematoden als jüngere Tiere.

Tab. 25: Ergebnisse der parasitologischen Sektion, Gesamtnematodenbefall – nach Altersklassen

Parasit	Altersklasse[1]	Prävalenz		Befallsintensität				Signifikanz
		n	%	AM[2]	SD[3]	Min-Max[4] („positive" Tiere)	GM[5]	(Kruskal-Wallis-Test)
Chabertia ovina	4	43/43	100	834,3	585,1	57 - 2433	635,4[a,b]	p ≤ 0,05
	3	76/76	100	910,1	904,2	37 - 6717	623,5[a]	
	2	85/85	100	1215,6	959,7	29 - 4982	837,0[b]	
	1	19/19	100	1037,3	717,5	132 - 2598	802,1[a,b]	
Oesophagostomum venulosum	4	43/43	100	874,3	617,7	57 - 2478	660,0	0,056
	3	76/76	100	970,5	947,0	42 - 6932	669,4	
	2	85/85	100	1284,2	1032,6	29 - 5492	880,7	
	1	19/19	100	1114,3	787,5	132 - 2658	847,0	

[1] Altersklassen nach KNAUS und SCHRÖDER (1983); Klasse 1: Böcke ≥ 8 Jahre, Geißen ≥ 10 Jahre; Klasse 2: Böcke 3-7 Jahre, Geißen 4-9 Jahre; Klasse 3: Böcke 1-2 Jahre, Geißen 1-3 Jahre; Klasse 4: Kitze
[2] Arithmetisches Mittel
[3] Standardabweichung
[4] Minimum-Maximum
[5] Geometrisches Mittel
[a, b] Werte mit ungleichem hochgestellten Index unterscheiden sich signifikant (p≤0,05) voneinander (U-Test)

In der Tabelle 26 werden die Extensitäten der Eiausscheidung und des Befalls mit entsprechenden Helminthen verglichen. Da *Marshallagia*- und *Nematodirus*-Eier sehr ähnlich sind und bei der Kotuntersuchung nicht unterschieden worden waren, wurden sie bei dieser Auswertung nicht berücksichtigt.

Die Ausscheidung von *Capillaria*- und *Trichuris*-Eiern zeigte deutliche Diskrepanzen zu den Ergebnissen der parasitologischen Sektion. Hier waren die Prävalenzen der Eiausscheidung, außer bei Tieren der Altersklasse 1 bezüglich des *Capillaria*-Eier-Nachweises, sehr viel niedriger, als die der Nematodennachweise. Nur die Nachweishäufigkeiten von Magen-Darm-Stongyliden und Strongyliden-Eiern zeigten eine vergleichsweise geringe Diskrepanz über alle Altersklassen hinweg.

Tab. 26: Gegenüberstellung der Extensität der Ausscheidung von Nematodenentwicklungsstadien und der Extensität des Befalls mit den entsprechenden Nematoden

	Ausscheidungsextensität an Nematodenentwicklungsstadien/ Befallsextensität mit Nematoden			
	Klasse 4[1] (n=43)	Klasse 3 (n=76)	Klasse 2 (n=85)	Klasse 1 (n=19)
Strongyliden-Eier/ Magen-Darm-Strongyliden (exkl. *Nematodirus/ Marshallagia*)	33x/43x[2]	54x/76x	64x/85x	19x/19x
Übereinstimmung	76,7%[3]	71,0%	75,3%	100%
Trichuris-Eier/ *Trichuris*-Würmer	13x/38x	10x/37x	1x/30x	0x/9x
Übereinstimmung	34,2%	27,0%	3,3%	0%
Capillaria-Eier/ *Capillaria*-Würmer	1x/9x	2x/24x	8x/47x	16x/11x
Übereinstimmung	11,1%	8,3%	17,0%	168,7%

[1] Altersklassen nach KNAUS und SCHRÖDER (1983); Klasse 1: Böcke ≥ 8 Jahre, Geißen ≥ 10 Jahre; Klasse 2: Böcke 3-7 Jahre, Geißen 4-9 Jahre; Klasse 3: Böcke 1-2 Jahre, Geißen 1-3 Jahre; Klasse 4: Kitze
[2] Absolute Häufigkeit des Nachweises von Helminthenentwicklungsstadien
[3] Grad der Übereinstimmung der Nachweishäufigkeit von Nematodenentwicklungsstadien und Nematoden

Tabelle 27 stellt die Befallsextensitäten und -intensitäten des Labmagens der 223 untersuchten Tiere, entsprechend ihrer Herkunft nach Bundesländern gegliedert, dar.

Der Labmagen der Gämsen aus beiden Bundesländern stellte das am stärksten befallene Organ dar, wobei die Befallsintensität (geometrisches Mittel) der bayerischen Gämsen mit 739 Würmern/Tier signifikant höher war, als die der Gämsen aus Baden-Württemberg (176 Nematoden/Tier).

Das Parasitenspektrum im Labmagen war bei den Gämsen in Bayern mit 12 Spezies gegenüber neun Arten bei denen aus Baden-Württemberg insgesamt größer. Dort konnten *M. marshalli* und *G. occidentalis* nicht nachgewiesen werden. Beide Arten bildeten mit Prävalenzen von über 86% (*M. marshalli*) und 69% (*G. occidentalis*) einen wesentlichen Anteil der Labmagennematoden der Gämsen aus Bayern.

Ein weiterer signifikanter Unterschied bestand im Befall mit *H. contortus:* Gämsen aus Baden-Württemberg waren mit 78% gegenüber 52% und mit mehr als 12 gegenüber 4 Nematoden/Tier stärker befallen als die aus Bayern. Bei den Gämsen aus Baden-Württemberg konnte des Weiteren eine deutlich höhere Ostertagiinae Larven 4-Wurmbürde aufgezeigt werden als bei Tieren aus Bayern. Unterschiede bestanden ebenfalls beim Befall mit *O. circumcincta, O. trifurcata* und *O. pinnata*, sowohl in der Einzelbetrachtung, als auch in ihrer Summe. Bei den bayerischen Gämsen waren jeweils signifikant höhere Wurmzahlen ermittelt worden.

Tab. 27: Nematodenbefall des Labmagens nach der Herkunft der Gämsen

Parasit	Bayern (n = 185) Befallsintensität					Baden-Württemberg (n = 38) Befallsintensität					Signifikanz
	%	AM[1]	SD[2]	Min–Max[3] („positive" Tiere)	GM[4]	%	AM	SD	Min–Max („positive" Tiere)	GM	(Mann-Whitney-U-Test)
Haemonchus contortus	51,9	29,7	75,8	5 - 675	4,3	78,0	29,6	33,3	5 - 120	12,0	$p \leq 0{,}05$
Haemonchus contortus histotrope Larven 4	11,4	1,8	7,4	5 - 75	0,3	13,2	1,8	5,6	5 - 25	0,4	0,704
Grosspiculagia occidentalis	68,7	102,9	167,7	10 - 1145	19,7	0					$p \leq 0{,}05$
Marshallagia marshalli	86,0	330,3	447,3	5 - 3145	93,0	0					$p \leq 0{,}05$
Ostertagia circumcincta	95,7	334,9	272,2	5 - 1575	201,9	84,2	147,1	230,9	5 - 1200	43,7	$p \leq 0{,}05$
Ostertagia trifurcata	63,2	50,7	78,2	10 - 680	11,7	23,7	5,4	11,8	10 - 50	1,0	$p \leq 0{,}05$
Ostertagia pinnata	72,4	48,9	50,0	5 - 420	16,3	21,1	7,1	18,8	5 - 75	0,9	$p \leq 0{,}05$
O. circumcincta + *O. trifurcata* + *O. pinnata*	96,8	449,1	362,1	5 - 2300	265,5	84,2	189,5	249,7	5 - 1255	49,0	$p \leq 0{,}05$
Ostertagia leptospicularis	18,4	7,8	26,1	10 - 195	0,9	15,8	5,9	22,0	10 - 130	0,7	0,746
Skrjabinagia kolchida	13,0	2,6	7,9	5 - 55	0,5	15,8	3,8	11,0	10 - 55	0,6	0,561
O. leptospicularis + *S. kolchida*	27,6	10,4	28,1	5 - 195	1,4	26,3	9,7	31,2	10 - 185	1,3	0,631
Spiculopteragia böhmi	40,0	31,9	71,1	10 - 540	3,6	52,6	22,1	35,7	10 - 155	5,1	0,293
Rinadia mathevossiani	6,0	1,0	4,4	5 - 40	0,2	13,2	2,2	6,7	10 - 35	0,4	0,101
S. böhmi + *R. mathevossiani*	40,5	31,9	72,0	10 - 540	3,7	57,9	24,3	39,2	10 - 190	6,2	0,159
O. leptospicularis + *S. kolchida* + *S. böhmi* + *R. mathevossiani*	50,8	42,3	83,4	10 - 540	6,1	60,5	34,1	49,7	10 - 205	8,5	0,306
Ostertagia ostertagi	1,1	4,3	56,3	25 - 765	0,1	0					nicht untersucht
Ostertagiinae, histotrope Larven 4	82,2	66,8	109,6	5 - 85	19,5	39,5	13,6	42,3	5 - 225	2,1	$p \leq 0{,}05$
Trichostrongylus axei	47,6	52,7	173,2	5 - 1335	4,9	55,3	63,3	169,5	15 - 1025	8,4	0,233
Trichostrongylus spp., histotrope Larven 4	8,7	1,4	7,2	5 - 85	0,3	10,5	1,6	5,3	5 - 25	0,3	0,652
Summe Labmagen-nematoden (Adulte)	100	996,7	748,5	20 - 4735	738,7	100	286,6	318,6	25 - 1460	176,0	$p \leq 0{,}05$

[1] Arithmetisches Mittel
[2] Standardabweichung
[3] Minimum-Maximum
[4] Geometrisches Mittel

Die Tabelle 28 fasst die Ergebnisse der Auswertung des Befalls des Dünndarms nach der Herkunft der Gämsen zusammen.

Tab. 28: Nematodenbefall des Dünndarms nach der Herkunft der Gämsen

Parasit	Bayern (n = 185) Befallsintensität					Baden-Württemberg (n = 38) Befallsintensität					Signifikanz
	%	AM[1]	SD[2]	Min–Max[3] („positive" Tiere)	GM[4]	%	AM	SD	Min–Max („positive" Tiere)	GM	(Mann-Whitney-U-Test)
Trichostrongylus capricola	28,1	14,4	36,6	5 - 290	1,7	21,1	4,6	12,4	5 - 60	0,9	0,155
Trichostrongylus colubriformis	8,1	3,5	17,6	5 - 155	0,3	10,5	3,0	12,0	10 - 70	0,4	0,922
Trichostrongylus longispicularis	1,1	0,1	1,3	10 - 15	<0,1	0					nicht untersucht
Trichostrongylus vitrinus	22,0	7,3	25,6	5 - 260	0,9	13,5	2,8	9,7	5 - 55	0,5	0,232
Nematodirus battus	20,0	10,8	40,3	5 - 430	1,0	65,8	83,4	112,5	15 - 465	19,0	$p \leq 0,05$
Nematodirus filicollis	50,3	97,0	314,2	5 - 3725	7,5	47,4	34,3	53,2	10 - 215	5,4	0,681
Nematodirus rupicaprae	5,4	1,8	12,6	5 - 150	0,2	0					nicht untersucht
Nematodirus europaeus	0,5	0,1	1,1	(15)	<0,1	7,8	1,8	6,7	10 - 35	0,3	nicht untersucht
Nematodirus helvetianus	0,5	0	0,4	(5)	<0,1	0					nicht untersucht
Cooperia oncophora	1,6	0,7	5,7	35 - 50	0,1	2,6	0,1	0,8	(5)	0,1	nicht untersucht
Cooperia pectinata	0,5	<0,1	0,4	(5)	0,1	0					nicht untersucht
Cooperia punctata	1,6	0,7	8,9	5 - 120	<0,1	0					nicht untersucht
Capillaria bovis	43,2	4,1	6,5	5 - 35	1,6	28,9	2,4	4,5	5 - 20	0,9	0,148
Summe Dünndarm-nematoden	86,5	140,0	325,4	5 - 3745	32,7	94,7	136,0	144,9	5 - 465	57,5	0,134

[1] Arithmetisches Mittel
[2] Standardabweichung
[3] Minimum-Maximum
[4] Geometrisches Mittel

Der Befall mit *N. battus* war bei Stücken aus Baden-Württemberg signifikant stärker. Dieser typische Schafparasit trat bei den Gämsen in Baden-Württemberg mit einer Befallsintensität (geometrisches Mittel) von 19 Nematoden/Stück und einer Prävalenz von 66% auf, während lediglich 20% der bayerischen Gämsen (durchschnittliche Befallsintensität ein Wurm/Tier) befallen waren.

Die Tabelle 29 stellt die Ergebnisse des Befalls des Dünndarms bzw. des Gekröses mit Bandwürmern bzw. Finnen nach der Herkunft der Stücke dar.
Ein signifikanter Unterschied konnte lediglich beim Befall mit *A. centripunctata* festgestellt werden, da dieser Zestode in Baden-Württemberg bei Gämsen nicht nachgewiesen werden konnte. In Bayern hingegen waren annähernd 16% der untersuchten Tiere positiv, woraus sich eine Befallsintensität (geometrisches Mittel) von 0,2 Bandwurmexemplaren/Tier ergab.

Tab. 29: Bandwurmbefall nach der Herkunft der Gämsen

Parasit	Bayern (n = 185) Befallsintensität					Baden-Württemberg (n = 38) Befallsintensität					Signifikanz
	%	AM[1]	SD[2]	Min–Max[3] („positive" Tiere)	GM[4]	%	AM	SD	Min–Max („positive" Tiere)	GM	(Mann-Whitney-U-Test)
Moniezia benedeni	5,4	0,1	0,3	1 - 2	<0,1	5,3	0,1	0,2	(1)	<0,1	0,994
Moniezia expansa	14,6	0,3	1,0	1 - 6	0,2	16,2	0,4	1,6	1 - 10	0,2	0,841
Moniezia spp.[5] (nicht differenziert)	8,1	0,2	0,9	1 - 11	0,1	2,7	<0,1	0,2	(1)	<0,1	0,241
Moniezia, total	25,9	0,6	1,3	1 - 11	0,3	23,7	0,5	1,6	1 - 10	0,2	0,672
Avitellina centripunctata	15,7	0,3	0,9	1 - 6	0,2	0					$p \leq 0,05$
Cysticercus tenuicollis	10,8	0,1	0,4	1 - 3	0,1	18,4	0,3	0,8	1 - 3	0,2	0,125

[1] Arithmetisches Mittel
[2] Standardabweichung
[3] Minimum-Maximum
[4] Geometrisches Mittel
[5] Darstellung der Interproglottialdrüsen zur Differenzierung nicht möglich

Bei Betrachtung des Dickdarmnematodenbefalls der Gämsen konnten bedeutsame signifikante Unterschiede bezüglich der Herkunft nicht festgestellt werden (Tab. 30).

Tab. 30: Nematodenbefall des Dickdarms nach der Herkunft der Gämsen

Parasit	Bayern (n = 185) Befallsintensität					Baden-Württemberg (n = 38) Befallsintensität					Signifikanz
	%	AM[1]	SD[2]	Min–Max[3] („positive" Tiere)	GM[4]	%	AM	SD	Min–Max („positive" Tiere)	GM	(Mann-Whitney-U-Test)
Chabertia ovina	26,0	0,8	2,4	1 - 24	0,3	31,6	0,4	73,0	1 – 2	0,3	0,533
Oesophagostomum venulosum	56,2	2,8	7,3	1 - 82	1,2	68,4	3,3	45	1 - 17	1,8	0,130
Trichuris ovis	32,8	3,0	6,5	1 - 48	1,0	42,1	1,4	2,1	1 - 6	0,8	0,724
Trichuris globulosa	21,1	1,6	5,0	1 - 43	0,4	23,7	0,8	1,7	1 - 6	0,4	0,753
Trichuris spp., Männchen	4,3	0,1	0,5	1 - 5	<0,1	13,2	0,2	0,4	1 - 2	0,1	$p \leq 0{,}05$
Trichuris, total	24,9	1,6	5,0	1 - 43	0,5	71,1	2,3	2,4	1 - 10	1,6	0,254
Summe Dickdarm-nematoden	76,2	8,3	14,1	1 - 127	3,5	94,7	6,1	5,0	1 - 17	4,4	0,254

[1] Arithmetisches Mittel
[2] Standardabweichung
[3] Minimum-Maximum
[4] Geometrisches Mittel

Tabelle 31 fasst die Befallsextensitäten und -intensitäten der untersuchten Stücke mit Magen-Darm-Nematoden, entsprechend ihrer Herkunft (Bundesländer) gegliedert, zusammen. Sowohl die Betrachtung des Befalls mit adulten Nematoden als auch die Einbeziehung der histotropen Larven 4 ergaben signifikante Unterschiede: Stücke aus Bayern waren stärker mit Nematoden des Magen-Darm-Kanals infiziert als Tiere aus Baden-Württemberg.

Tab. 31: Magen-Darm-Nematodenbefall nach der Herkunft der Gämsen

	Bayern (n = 185) Befallsintensität					Baden-Württemberg (n = 38) Befallsintensität					Signifikanz
	%	AM[1]	SD[2]	Min–Max[3] („positive" Tiere)	GM[4]	%	AM	SD	Min–Max („positive" Tiere)	GM	(Mann-Whitney-U-Test)
Adulte	100	1111,6	894,6	29 - 6717	858,1	100	425,1	343,9	37 - 1492	294,7	$p \leq 0{,}05$
Adulte + histotrope Larven 4	100	1215,6	946,7	29 - 6932	911,9	100	442	367,1	42 - 1492	303,6	$p \leq 0{,}05$

[1] Arithmetisches Mittel
[2] Standardabweichung
[3] Minimum-Maximum
[4] Geometrisches Mittel

Eine graphische Gegenüberstellung der Befallsintensität mit Magen-Darm-Nematoden der Gämsen aus Bayern und Baden-Württemberg enthält die Abbildung 2.

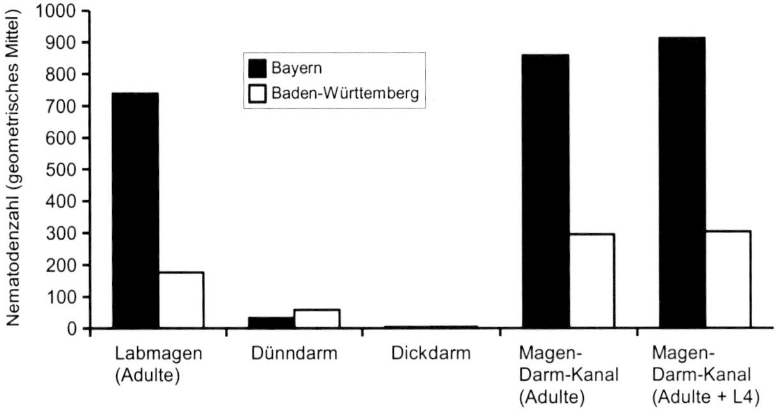

Abb. 2: Nematodenbefall der Gämsen nach der Herkunft

In der Tabelle 32 werden die Befallsextensitäten und -intensitäten mit Nematoden des Labmagens der 130 Böcke und 91 Geißen nach Geschlechtern getrennt dargestellt.
Bei der Gegenüberstellung der Befallsintensitäten nach Geschlechtern zeigte sich, dass Böcke mit 653 Nematoden/Tier eine signifikant höhere durchschnittliche Wurmbürde (geometrisches Mittel) aufwiesen als Geißen mit lediglich 479 Würmer/Gämse. Auch der maximale Befall mit Nematoden des Labmagens war bei männlichen Tieren mit 4275 Würmern gegenüber maximal 2845 Nematoden bei Geißen deutlich stärker. Weitere signifikante geschlechterabhängige Unterschiede waren nur beim der Befall mit *M. marshalli* und *O. circumcincta* erkennbar. Hier wiesen Böcke mit 63 bzw. 194 Nematoden/Tier im geometrischen Mittel wesentlich höhere Bürden als Geißen auf, die 22 bzw. 111 Nematoden beherbergten. Die signifikant höhere Befallsintensität mit *O. circumcincta* bei Böcken gegenüber Geißen egalisierte sich unter Einbeziehung von *O. pinnata* und *O. trifurcata*.

Tab. 32: Nematodenbefall des Labmagens nach dem Geschlecht der Gämsen

Parasit	Böcke (n = 130) Befallsintensität					Geißen (n = 91) Befallsintensität					Signifikanz
	%	AM[1]	SD[2]	Min–Max[3] („positive" Tiere)	GM[4]	%	AM	SD	Min–Max („positive" Tiere)	GM	(Mann-Whitney-U-Test)
Haemonchus contortus	56,9	33,7	66,5	5 – 475	14,3	54,9	23,3	98,0	5 - 675	4,1	0,271
Haemonchus contortus histotrope Larven 4	13,1	2,4	8,5	5 - 75	0,4	9,9	1,2	4,3	5 - 25	0,3	0,430
Grosspiculagia occidentalis	61,5	103,3	188,1	10 - 1145	14,3	49,5	59,0	95,6	10 - 505	7,7	0,090
Marshallagia marshalli	78,5	321,4	477,2	5 - 3145	63,1	60,4	195,5	318,5	10 - 1830	22,9	$p \leq 0,05$
Ostertagia circumcincta	96,9	330,7	290,2	5 - 1575	194,9	89,0	262,3	249,2	15 - 1050	111,2	$p \leq 0,05$
Ostertagia trifurcata	59,2	48,4	85,1	10 - 680	9,5	51,6	35,1	52,9	10 - 225	6,5	0,275
Ostertagia pinnata	64,6	47,2	63,8	5 - 40	12,3	61,5	34,3	46,5	5 - 280	8,9	0,171
O. circumcincta + O.trifurcata + O. pinnata	98,5	426,3	391,4	10 - 2300	254,1	89,0	331,8	312,0	20 - 1415	138,7	0,054
Ostertagia leptospicularis	18,5	6,3	19,4	10 - 135	0,8	16,5	9,3	32,3	10 - 195	0,8	0,775
Skrjabinagia kolchida	10,8	2,0	7,1	5 - 55	0,4	16,5	3,7	10,0	5 - 55	0,6	0,190
O. leptospicularis + S. kolchida	25,4	8,3	21,3	5 - 135	1,2	29,7	13,1	36,6	5 - 195	1,6	0,736
Spiculopteragia böhmi	43,1	32,3	76,2	10 - 540	3,9	39,6	25,7	50,0	15 - 285	3,4	0,790
Rinadia mathevossiani	7,7	1,5	5,9	10 - 40	0,3	6,6	0,7	2,9	5 - 15	0,2	0,698
S. böhmi + R. mathevossiani	44,6	33,8	77,7	10 - 540	4,2	40,7	25,4	50,3	10 - 285	3,7	0,766
O. leptospicularis + S. kolchida + S. böhmi + R. mathevossiani	51,5	42,1	84,7	10 - 545	6,2	52,7	38,5	70,3	10 - 430	6,6	0,879
Ostertagia ostertagi	1,5	6,1	67,1	25 - 765	0,1	0					nicht untersucht
Ostertagiinae, histotrope Larven 4	77,7	63,5	114,7	5 - 670	16,1	70,3	47,7	82,2	5 - 415	11,0	0,175
Trichostrongylus axei	49,2	49,0	166,7	5 - 1335	5,2	47,3	63,6	180,1	5 - 1070	5,6	0,886
Trichostrongylus spp. histotrope Larven 4	10,0	1,5	7,9	5 - 85	0,3	7,7	1,4	5,3	10 - 30	0,3	0,655
Summe Labmagen-nematoden (Adulte)	100	981,9	826,9	20 - 4275	652,5	100	711,8	571,2	45 - 2845	478,8	$p \leq 0,05$

[1] Arithmetisches Mittel
[2] Standardabweichung
[3] Minimum-Maximum
[4] Geometrisches Mittel

Die Betrachtung der Befallsextensität und -intensität mit Nematoden des Dünndarms nach Geschlechtern ergab nur bei *T. colubriformis* einen signifikanten Unterschied: Böcke beherbergten eine höhere Wurmzahl (geometrisches Mittel) als Geißen (Tab. 33).

Tab. 33: Nematodenbefall des Dünndarms nach dem Geschlecht der Gämsen

Parasit	Böcke (n = 130) Befallsintensität					Geißen (n = 91) Befallsintensität					Signifikanz
	%	AM[1]	SD[2]	Min–Max[3] („positive" Tiere)	GM[4]	%	AM	SD	Min–Max („positive" Tiere)	GM	(Mann-Whitney-U-Test)
Trichostrongylus capricola	29,2	15,0	33,8	5 - 215	1,9	24,2	9,8	34,6	5 - 290	1,1	0,253
Trichostrongylus colubriformis	12,3	4,5	19,2	5 - 155	0,5	3,3	1,9	12,7	5 - 100	0,1	$p \leq 0,05$
Trichostrongylus longispicularis	1,5	0,3	1,6	10 - 15	<0,1	0					nicht untersucht
Trichostrongylus vitrinus	20,8	8,2	29,3	5 - 260	0,9	19,8	4,0	11,8	5 - 80	0,7	0,723
Nematodirus battus	32,3	23,8	58,7	5 - 350	2,4	22,0	22,8	73,6	5 - 465	1,4	0,135
Nematodirus filicollis	52,3	72,7	156,5	5 - 825	7,4	45,1	103,5	409,9	5 - 3725	6,2	0,524
Nematodirus rupicaprae	4,6	1,6	13,3	5 - 150	0,2	4,4	1,5	8,5	10 - 70	0,2	nicht untersucht
Nematodirus europaeus	0,8	0,1	0,9	(10)	<0,1	3,3	0,8	4,5	15 - 35	0,1	nicht untersucht
Nematodirus helvetianus	0,8	<0,1	0,4	(5)	<0,1	0					nicht untersucht
Cooperia oncophora	1,5	0,7	5,3	35 - 50	0,2	2,2	0,6	5,3	5 - 50	0,1	nicht untersucht
Cooperia pectinata	0					1,1	0,1	0,5	(5)	<0,1	nicht untersucht
Cooperia punctata	0,8	0,1	0,9	(10)	<0,1	2,2	1,4	12,6	5 - 120	0,1	nicht untersucht
Capillaria bovis	43,1	3,7	5,9	5 - 35	1,5	38,5	4,0	6,7	5 - 25	1,4	0,719
Summe Dünndarm-nematoden	90,0	130,5	187,7	5 - 940	38,9	83,5	150,0	417,0	5 - 3745	29,8	0,425

[1] Arithmetisches Mittel
[2] Standardabweichung
[3] Minimum-Maximum
[4] Geometrisches Mittel

Bezüglich des Befalls mit Bandwürmern war eine geschlechterabhängige Signifikanz nur bei *A. centripunctata* nachweisbar, wobei Böcke eine im Mittel höhere Befallsintensität als weibliche Gämsen aufwiesen (Tab. 34).

Tab. 34: Bandwurmbefall nach dem Geschlecht der Gämsen

Parasit	Böcke (n = 130) Befallsintensität					Geißen (n = 91) Befallsintensität					Signifikanz
	%	AM[1]	SD[2]	Min–Max[3] („positive" Tiere)	GM[4]	%	AM	SD	Min – Max („positive" Tiere)	GM	(Mann-Whitney-U-Test)
Moniezia benedeni	6,2	0,1	0,3	1 - 2	<0,1	4,4	<0,1	0,2	(1)	<0,1	0,556
Moniezia expansa	16,2	0,3	0,8	1 - 6	0,2	14,3	0,4	1,4	1 - 10	0,2	0,402
Moniezia spp.[5] (nicht differenziert)	6,2	0,1	0,5	1 - 3	0,1	5,5	0,2	1,2	1 - 11	0,1	0,930
Moniezia, total	27,7	0,5	1,0	1 - 6	0,3	22,0	0,6	1,8	1 - 11	0,3	0,461
Avitellina centripunctata	16,9	0,4	1,0	1 - 6	0,2	7,7	0,1	0,4	1 - 2	0,1	$p \leq 0,05$
Cysticerus tenuicollis	13,9	0,2	0,5	1 - 3	0,1	9,9	0,1	0,5	1 - 3	0,1	0,395

[1] Arithmetisches Mittel
[2] Standardabweichung
[3] Minimum-Maximum
[4] Geometrisches Mittel
[5] Darstellung der Interproglottialdrüsen zur Differenzierung nicht möglich

Der Wurmbürde des Dickdarmes zeigte im Vergleich mittels des Mann-Whitney-Tests keine geschlechterabhängigen Differenzen (Tab. 35).

Tab. 35: Nematodenbefall des Dickdarms nach dem Geschlecht der Gämsen

Parasit	Böcke (n = 130) Befallsintensität					Geißen (n = 91) Befallsintensität					Signifikanz
	%	AM[1]	SD[2]	Min–Max[3] („positive" Tiere)	GM[4]	%	AM	SD	Min–Max („positive" Tiere)	GM	Mann-Whitney-U-Test
Chabertia ovina	23,8	0,5	1,4	1 - 13	0,3	30,8	1,0	3,0	1 - 24	0,5	0,131
Oesophagostomum venulosum	64,6	2,5	3,4	1 - 17	1,4	49,5	3,4	10,0	1 - 82	1,1	0,055
Trichuris ovis	31,5	2,3	6,0	1 - 48	0,7	38,5	3,2	5,7	1 - 28	1,2	0,145
Trichuris globulosa	21,5	1,0	2,8	1 - 19	0,4	20,9	2,1	6,3	1 - 43	0,5	0,920
Trichuris spp., Männchen	5,4	0,1	0,6	1 - 5	0,1	6,6	0,1	0,3	(1)	0,1	0,755
Trichuris, total	47,7	3,3	7,0	1 - 48	1,3	52,7	5,3	8,9	1 - 45	1,9	0,234
Summe Dickdarm-nematoden	77,7	6,2	8,6	1 - 62	3,2	81,3	9,8	17,1	1 - 127	4,0	0,387

[1] Arithmetisches Mittel
[2] Standardabweichung
[3] Minimum-Maximum
[4] Geometrisches Mittel

In der Tabelle 36 werden die Befallsextensitäten und -intensitäten des gesamten Magen-Darm-Kanals mit Nematoden nach Geschlechtern zusammengefasst, wobei Böcke eine höhere Wurmzahl als Geißen beherbergten.

Tab. 36: Magen-Darm-Nematodenbefall nach dem Geschlecht der Gämsen

	Böcke (n = 130) Befallsintensität					Geißen (n = 91) Befallsintensität					Signifikanz
	%	AM[1]	SD[2]	Min–Max[3] („positive" Tiere)	GM[4]	%	AM	SD	Min–Max („positive" Tiere)	GM	(Mann-Whitney-U-Test)
Adulte	100	1118,5	868,9	29 - 4275	692,8	100	871,5	857,8	45 - 6717	593,2	$p \leq 0,05$
Adulte + histotrope Larven 4	100	1185,8	929,7	29 - 4982	845,0	100	921,8	894,4	45 - 6932	631,5	$p \leq 0,05$

[1] Arithmetisches Mittel
[2] Standardabweichung
[3] Minimum-Maximum
[4] Geometrisches Mittel

In der Abbildung 3 wird die Befallsintensität mit Magen-Darm-Nematoden der Gämsen nach dem Geschlecht dargestellt.

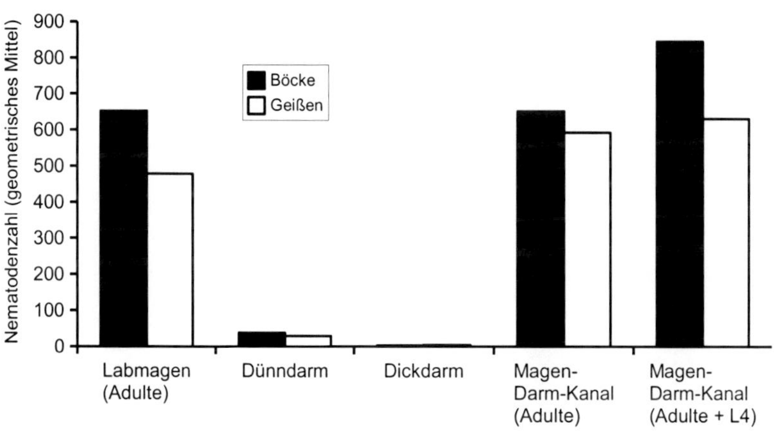

Abb. 3: Nematodenbefall der Gämsen nach dem Geschlecht

Die Tabelle 37 enthält die Klassifikationen der isolierten Nematodenspezies des Magen-Darm-Kanals anhand der „importance values“ nach THUL et al. (1985).
Da die Labmagenwürmer den Großteil der Gesamtnematodenzahl bei den Gämsen bildeten, waren diese in der Regel auch dominante Arten. Dünndarm- und Dickdarmnematodenarten stellten, bedingt durch die geringeren Befallsintensitäten, meist die kodominanten und/oder untergeordneten Spezies.
Auffällige Unterschiede bestanden nur beim Vergleich der Nematodenpopulation zwischen den Bundesländern Bayern und Baden-Württemberg. Als regionaler Unterschied ist hier das Fehlen von *G. occidentalis*, *M. marshalli* und *N. rupicaprae* bei den Gämsen in Baden-Württemberg zu nennen.
Die importance values von typischen Zervidennematoden – *O. leptospicularis*, *S. kolchida*, *S. böhmi* und *R. mathevossiani* – waren bei Gämsen aus Baden-Württemberg höher als bei denen aus Bayern. *O. pinnata* und *O. trifurcata* waren bei Tieren aus Baden-Württemberg im Gegensatz zu bayerischen Gämsen lediglich kodominante Spezies. *Nematodirus battus* und *N. filicollis* stellten bei Stücken aus Baden-Württemberg dominierende Spezies dar, während dies für Bayern nur bei *N. filicollis* der Fall war. Die Vertreter der Dickdarmnematodenfauna bildeten in allen untersuchten Kategorien kodominante Spezies der jeweiligen Nematodenpopulation.
Wesentliche geschlechterspezifische Einflüsse auf die Wurmpopulation waren nicht vorhanden.

Tab. 37: „Importance values“ und Klassifizierung der Nematodenspezies der untersuchten Gämsen

Parasitenart	Alle Gämsen (n = 223) I[2]		Gämsen aus Bayern (n = 185) I		Gämsen aus Baden-Württemberg (n = 38) I		Böcke (n = 130[1]) I		Geißen (n = 91[1]) I	
Haemonchus contortus	2,41	do[3]	1,79	do	8,50	do	2,37	do	2,41	do
Grosspiculagia occidentalis	6,99	do	8,23	do			7,84	do	5,44	do
Marshallagia marshalli	28,09	do	33,06	do			31,12	do	22,02	do
Ostertagia circumcincta	40,82	do	37,32	do	45,07	do	39,56	do	43,54	do
Ostertagia trifurcata	3,49	do	3,73	do	0,46	ko[4]	3,53	do	3,38	do
Ostertagia pinnata	3,83	do	4,13	do	0,54	ko	3,76	do	3,95	do
Ostertagia ostertagi	<0,01	un[5]	0,01	ko			0,01	ko		
Ostertagia leptospicularis	0,19	ko	0,17	ko	0,34	ko	0,14	ko	0,29	ko
Skrjabinagia kolchida	0,05	ko	0,04	ko	0,22	ko	0,03	ko	0,11	ko
Spiculopteragia böhmi	1,78	do	1,44	do	4,23	do	1,72	do	1,82	do
Rinadia mathevossiani	0,01	ko	0,01	ko	0,11	ko	0,01	ko	0,01	ko
Trichostrongylus axei	3,80	do	2,89	do	2,73	do	2,98	do	5,60	do
Trichostrongylus capricola	0,49	ko	0,47	ko	0,35	ko	0,54	ko	0,44	ko
Trichostrongylus colubriformis	0,04	ko	0,03	ko	0,12	ko	0,07	ko	0,01	ko
Trichostrongylus longispicularis	<0,01	un	<0,01	un			<0,01	un		
Trichostrongylus vitrinus	0,19	ko	0,19	ko	0,13	ko	0,21	ko	0,15	ko
Nematodirus battus	0,93	ko	0,25	ko	19,97	do	0,95	ko	0,93	ko
Nematodirus filicollis	6,18	do	5,68	do	5,92	do	4,62	do	8,90	do
Nematodirus rupicaprae	0,1	ko	0,01	ko			0,01	ko	0,01	ko
Nematodirus europaeus	<0,01	un	<0,01	un	0,05	ko	<0,01	un	<0,01	un
Nematodirus helvetianus	<0,01	un	<0,01	un			<0,01	un		
Cooperia oncophora	<0,01	un	<0,01	un	<0,01	un	<0,01	un	<0,01	un
Cooperia pectinata	<0,01	un	<0,01	un					0,01	ko
Cooperia punctata	<0,01	un	<0,01	un			<0,01	un	<0,01	un
Capillaria bovis	0,22	ko	0,20	ko	0,25	do	0,20	ko	0,28	ko
Chabertia ovina	0,03	ko	0,02	ko	0,11	ko	0,01	ko	0,06	ko
Oesophagostomum venulosum	0,24	ko	0,19	ko	0,38	ko	0,20	ko	0,31	ko
Trichuris ovis	0,14	ko	0,12	ko	0,29	ko	0,09	ko	0,23	ko
Trichuris globulosa	0,04	ko	0,04	ko	0,22	ko	0,03	ko	0,08	ko

[1] bei 2 Tieren keine Angaben zum Geschlecht, deshalb n (Böcke + Geißen) = 221
[2] I: importance value nach THUL et al. (1985)
[3] do: dominant; I ≥ 1, Helminthenspezies charakteristisch für die Population
[4] ko: kodominant; 0,01 ≤ I < 1,0, Helminthenspezies ist erfolgreicher Bestandteil der Population
[5] un: untergeordnet; 0,01 < I < 0, Helminthenspezies spielt eine geringe Rolle in der Population

5. Diskussion

Ein vitaler Wildbestand ist der wesentliche Faktor für die jagdliche Regulation. Das Ziel der Wildhege besteht in der Schaffung eines gesunden Bestandes von ausreichender Populationsgröße, dessen Zusammensetzung durch eine systematische Jagd nach Geschlecht und Altersklassen, die an Abschussvorgaben der Länder gebunden ist, reguliert wird (BAUER, 1986a; NERL et al., 1995).

Parasiten zählen bekanntermaßen zu den am weitesten verbreiteten pathogenen Organismen bei frei lebenden Tieren und Parasitenbefall ist in jedem Revier bei Stücken aller Altersklassen vorzufinden. Über die Auswirkungen des Parasitenbefalls bestehen aber bei den Jagdausübenden häufig unzureichende oder falsche Vorstellungen. Die meisten parasitären Infektionen, besonders die mit Endoparasiten, sind klinisch inapparent. Parasitosen stellen klassische Faktorenkrankheiten dar, deren pathogener Einfluss auf das Einzeltier sowie auf die Population vom Zusammenspiel mehrerer Faktoren, darunter Klima, Nahrungsangebot, Wilddichte, Jahreszeit und generelle Kondition und Konstitution des Tieres, abhängig ist. Als Erkrankung mit primär todesursächlicher Bedeutung spielt der Befall mit Helminthen bei Gämsen, mit Ausnahme der Zönurose, eine eher untergeordnete Rolle.

Trotz eines großen Gamsbestandes in Deutschland sind in der Vergangenheit nur wenige Studien über die Helminthen des Gastrointestinaltraktes der Gämse durchgeführt worden. Dies liegt wahrscheinlich vor allem an der schwierigen Probenbeschaffung, da der Jäger in der Regel die Stücke ausweidet, bevor diese zu Tal getragen werden. Die Eingeweide bleiben am häufig schlecht zugänglichen Erlegungsort im Gebirge zurück und sind somit einer parasitologischen Untersuchung nicht verfügbar. Die parasitologische Sektion von 16 Gämsen aus Oberammergau durch PROSL (1978) stellte bisher die einzige substanzielle Information über die Helminthenfauna des Gastrointestinaltraktes der Gämsen in Deutschland dar. Mit der vorliegenden Arbeit konnte anhand der qualitativen und quantitativen parasitologischen Sektion von 223 Gämsen die Kenntnis über die Magen-Darm-Parasiten der Alpengämse aus den zwei wesentlichsten deutschen Vorkommensgebieten, den Alpen in Bayern und dem Schwarzwald in Baden-Württemberg, erheblich erweitert werden.

In Deutschland galten die ersten Beschreibungen von parasitären Erkrankungen der Gämsen, die von Helminthen verursacht wurden, der Zönurose, deren Verursacher in der zeitgenössischen Literatur oft als „Hirnwurm", „Gehirnblasenwurm" oder „Drehwurm" bezeichnet wurde. Das Krankheitsbild war vom Jagdausübenden leicht erkennbar, da es durch Verhaltens- und Bewegungsstörungen gekennzeichnet ist (WILLEMOES-SUHM, 1868; SCHEURING, 1922; STROH, 1932). Später fanden auch die Parasitosen des Magen-Darm-Traktes der Gämsen Eingang in die deutsche Literatur über die Jagd und die Wildkrankheiten, wobei es sich aber lediglich um Betrachtungen allgemeiner Natur handelte und spezifische Studien zum Parasitenbefall nicht erfolgten. Weitere Publikationen über Magen-Darm-Wurm-Befall von Gämsen in Deutschland beruhten auf Berichten aus diagnostischen Instituten basierend auf Fallwilduntersuchungen (STROH, 1911; KREMBS, 1939; WEIDENMÜLLER, 1961, 1971; SCHELLNER, 1977, 1982). Ab den fünfziger Jahren des letzten Jahrhunderts wurden auch Losungsproben von Tieren aus der freien Wildbahn oder zoologischen Gärten untersucht (BOCH, 1956, 1957; NERL u. BOCH, 1956; HASSLINGER, 1964; ROTH, 1968; BAMBERG, 1979; BARUTZKI et al., 1985; WIESNER, 1985).

Von besonderem historischen Interesse sind die Sektionen von über 3000 Gämsen und Gämsenorganen aus Österreich und der Schweiz (Fallwild) aus den 1920er bis in die 1980er Jahre, bei denen auch der Befall mit Helminthen des Gastrointestinaltraktes diagnostiziert worden ist. An der Station für Tierseuchendiagnostik in Mödling/Österreich (ANONYM, 1925a, b, 1926, 1927, 1928, 1929, 1930, 1933, 1934, 1936; MICHALKA, 1932) wurden in den Jahren von 1924 bis 1935 über 100 Gämsen untersucht, bei denen wiederholt Magen-Darm-Wurmbefall festgestellt wurde, selten auch Coenurus cerebralis und in einem Fall Echinokokken in der Leber. Bei den durch KERSCHAGL (1929, 1930, 1931, 1932, 1933, 1934, 1935, 1936, 1937) im Zeitraum von 1928-1936 durchgeführten Untersuchungen an etwa 300 eingesandten Gämsen am Schlachthof St. Marx in Wien wurde in 15 Fällen die Diagnose Magen-Darm-Wurmbefall gestellt und über 15mal Cysticercus tenuicollis und/oder Finnenblasen nachgewiesen. In den nachfolgenden sechs Jahren wurden durch KERSCHAGL (1938, 1939, 1940, 1941, 1942, 1943) weitere 1600 Gämsen obduziert, die Berichte fielen aber wesentlich knapper aus und wurden ohne weitergehende Befundmitteilung veröffentlicht. Von GALLI-VALERIO (1927, 1929, 1930a, b, 1931, 1932, 1933, 1935), BORNAND (1937a, b, 1939, 1942), BOUVIER (1946, 1947, 1963, 1965, 1967, 1969), SCHWEIZER (1949), BOUVIER et. al. (1951, 1952, 1953, 1955, 1957, 1959, 1962), BURGISSER et al. (1959) und BURGISSER (1973, 1975, 1983) wurden in den Jahren

1926-1982 über 1400 Gämsen aus der Schweiz untersucht, bei denen 26mal definitiv die Diagnose Magen-Darm-Wurmbefall gestellt und in neun Fällen Cysticercus tenuicollis-Befall nachgewiesen wurde. Des Weiteren sind bei vier Tieren Coenurus cerebralis und bei fünf Tieren Bandwürmer im Dünndarm vermerkt worden.
Nach Berichten aus diagnostischen Einrichtungen in Deutschland (STROH, 1911; KREMBS, 1939; WEIDENMÜLLER, 1961, 1971; SCHELLNER, 1977, 1982) wurden insgesamt 173 Gämsen, vornehmlich Fallwild, aus Bayern untersucht. Bei 36 Gämsen ist dabei die Diagnose Magen-Darm-Wurmbefall gestellt worden; vier Tiere wiesen Bandwürmer im Dünndarm und zwei Gämsen Finnen auf.
In annähernd allen zuvor genannten Arbeiten aus Österreich, der Schweiz und Deutschland ist das Vorhandensein von „Magen-Darm-Würmern" oder „Magen-Darm-Parasiten" bei Gämsen erwähnt worden, eine Artdiagnose blieb jedoch in den meisten Fällen aus oder wurde lediglich bei makroskopisch gut erkennbaren Arten vorgenommen. Die häufig gestellte Diagnose eines „Magen-Darm-Katarrhs" könnte in vielen Fällen mit einer (nicht diagnostizierten) Magen-Darm-Parasitose ursächlich zusammenhängen. Dafür sprechen vor allem die Ergebnisse von Sektionen mit spezifischer parasitologischer Diagnostik, bei denen in der Regel alle Tiere einen Befall mit Magen-Darm-Nematoden aufweisen.

Die von GEBAUER (1932) angefertigte Dissertation über den Parasitenbefall von Gämsen in Österreich sowie die Gams-Monographie von COUTURIER (1938) aus Frankreich bildeten die Grundlage vieler Veröffentlichungen über die Parasiten der Gämsen bis in die heutige Zeit.

Die häufigste Methode zur Überwachung des parasitologischen Status im Rahmen des Gesundheitsmonitoring ist die koproskopische Untersuchung, die als nicht invasives Verfahren sowohl bei frei lebenden Wildtieren, als auch bei in zoologischen Gärten gehaltenen Exemplaren zur Anwendung gelangt. Im Zuge der eigenen Untersuchungen zeigten 82,5 % der Gämsen einen positiven Helmintheneier-Befund, wobei Magen-Darm-Strongyliden-Eier am häufigsten (74%) festgestellt wurden, gefolgt von *Nematodirus/Marshallagia*- (22%) und *Trichuris*-Eiern (11%). Am seltensten gelang der Nachweis von *Moniezia*- und *Capillaria*-Eiern (9% und 6%). Die von BOCH (1956, 1957) untersuchten 202 Losungsproben von Gamswild aus Bayern waren zu 93% Helmintheneier-positiv. Diese Ergebnisse sind trotz unterschiedlicher diagnostischer Methodik – Verwendung von Kochsalzlösung zur Anreicherung der Helmintheneier

gegenüber Zinksulfatlösung für die eigenen Untersuchungen – durchaus vergleichbar. Die von BAMBERG (1979) durchgeführten Untersuchungen von Losungsproben von Gämsen aus dem Schwarzwald lassen hingegen keine schlüssige Beurteilung zu, da die von ihm vorgenommene Differenzierung der Helminthenentwicklungsstadien fehlerbehaftet war.
Die koproskopische Untersuchung von Enddarm- bzw. Losungsproben ist zwar ein probates Mittel zur Verschaffung eines Status über den Parasitenbefall am lebenden Tier und wurde und wird auch regelmäßig angewendet, sie erlaubt aber nur begrenzte Rückschlüsse, was Qualität und Quantität des Befalls mit Magen-Darm-Nematoden anbelangt, da die Eiausscheidung im Einzelfall häufig nicht mit der Wurmbürde korreliert. Für eine umfassende parasitologische Befundung von Wildwiederkäuern ist deshalb die Koproskopie mit der Sektion zu koppeln (DÜWEL, 1985; HAUPT u. EULENBERGER, 1988; RIBBECK u. HAUPT, 1989; HAUPT u. RIBBECK, 1995; POGLAYEN et al., 1996; REHBEIN et al., 2000, 2001, 2002).

Die eigenen Untersuchungen haben ergeben, dass männliche Gämsen signifikant stärker mit Magen-Darm-Nematoden befallen waren als weibliche Stücke. Frau L. C. Schlegel (Doktorarbeit, Merial GmbH, Kathrinenhof Research Center, in Vorbereitung) hat das gleiche Resultat für den Befall mit kleinen Lungenwürmern gefunden. Diese Ergebnisse ordnen sich in eine Reihe von Studien ein, in denen dieses Phänomen – sex biased parasitism/male biased parasitism – für verschiedene Säugetierarten beobachtet wurde, besonders ausgeprägt bei polygynen Spezies (ZUK, 1990; POULIN, 1996). Ursächlich dafür werden zahlreiche biologische Mechanismen – ökologische und physiologische – diskutiert (ZUK u. Mc KEAN, 1996). Für Gämsen sind derartige Beobachtungen von DONAT und DUCOS de LAHITTE (1989a, b) bei Tieren aus den französischen Pyrenäen gemacht worden; die auf der Untersuchung von Losungs- und Enddarmkotproben beruhende Studie von HOBY et al. (2006a) erbrachte hingegen keinen eindeutigen Zusammenhang.

Hinsichtlich der Prävalenz des Befalls mit Magen-Darm-Nematoden mit den eigenen Ergebnissen – Labmagen 100%, Dünndarm 88% und Dickdarm 79% – vergleichbare Resultate ermittelten TRIMAILLE (1985) und ONDERSCHEKA et al. (1989), die Befallsextensitäten von über 95% für den Labmagen sowie für Dünndarm und Dickdarm von über 60% angaben. Sehr geringe Befallsextensitäten fanden demgegenüber TATARUCH et al. (2001) für den Dickdarm mit lediglich 10%, während die Befallsextensitäten von Labmagen und Dünndarm mit 100 bzw. 68%

entsprechende Werte darstellen. Da die meisten Autoren lediglich eine Präsentation der Prävalenzen der einzelnen Nematodenarten oder rein qualitative Angaben zum Nematodenbefall des Magen-Darm-Kanals vornehmen, ist eine Interpretation hinsichtlich des Befalls der einzelnen Abschnitte nicht eindeutig durchführbar. Die Betrachtung der Ergebnisse anderer Autoren (BALBO et al., 1978; MONTAGUT et al., 1981; BIDOVEC, 1985, 1989; CORTI et al., 1985; GENCHI et al., 1982, 1984, 1985, 1989, 1992; ROSSI et al., 1989b; LANFRANCHI et al., 1991; BIDOVEC u. TOMAŠIČ, 1995; KAKRAJŠEK, 1995; ROSÀ et al., 1997; ZAFFARONI et al., 1997, 2000) zur Befallsextensität mit den dominierenden Magen-Darm-Parasiten der Gämsen im Alpenraum – *M. marshalli*, *G. occidentalis*, *O. circumcincta*, *H. contortus*, *N. filicollis*, *O. venulosum*, *Trichuris* spp. – lässt den Schluss zu, dass der Labmagen bei mindestens 70%, der Dünndarm um 60% und der Dickdarm bei mindestens 40% der untersuchten Tiere mit Nematoden befallen war.
Übereinstimmend mit den Ergebnissen diverser Autoren, die Gämsen aus dem Alpenraum (PROSL, 1978; PROSL et al., 1978/FELDBACHER, 1979; REITER, 1980/PROSL u. REITER, 1984; TRIMAILLE, 1985; NOCTURE, 1986; BRUGGER, 1996; STANCAMPIANO u. GUBERTI, 2006), aus den Pyrenäen (ALCOUFFE, 1991/ALCOUFFE et al., 1992) sowie aus Kantabrien (DÍEZ-BAÑOS et al., 1987) untersucht haben, waren im Labmagen über 70%, im Dünndarm etwa 20% und im Dickdarm selten mehr als 1% der Gesamtwurmbürde anzutreffen. Als einzige Studie aus der ehemaligen Sowjetunion erlaubte die Untersuchung von 9 Kaukasusgämsen durch RUHLJADEV (1958) eine Berechnung der jeweiligen Anteile am Gesamtbefall: Labmagennematoden über 97%, Dünndarmnematoden über 1% und Dickdarmnematoden unter 1%.

In der eigenen Arbeit wurden insgesamt 29 Nematodenarten gefunden (12 im Labmagen, 13 im Dünndarm und 4 im Dickdarm). PROSL (1978) hatte bei seiner Untersuchung von 16 Tieren aus Oberammergau 20 Arten festgestellt. Dies entspricht weitgehend den Ergebnissen aus anderen europäischen Ländern, in denen Alpengämsen untersucht wurden, z. B. Österreich (PROSL, 1978 – 23 Arten), Italien (ROSSI et al., 1989b – 19 Arten), Frankreich (VENTÉJOU, 1985 – 38 Arten), Tschechien (KOTRLÝ und KOTRLÁ, 1970 – 13 Spezies) und Slowenien (BIDOVEC, 1985 – 21 Arten). In Neuseeland sind bislang nur 13 Arten bei Alpengämsen differenziert worden (ANDREWS, 1973, CLARK u. CLARKE, 1981). Bei Pyrenäengämsen wurden von DONAT u. DUCOS de LAHITTE (1989a, b) und ALCOUFFE (1991)/ALCOUFFE et al. (1992) in Frankreich mindestens 21 verschiedene

Arten differenziert; bei der Kantabrischen Gämse in Spanien (DÍEZ-BAÑOS et al., 1987) sind bisher 17 Arten isoliert worden. CANCRINI et al. (1985) haben bei der parasitologischen Sektion von sechs Abruzzengämsen und einer Anzahl unvollständiger Magen-Darm-Trakte von 15 Tieren insgesamt elf Arten beschrieben. Kaukasusgämsen beherbergten nach Angaben von ASADOV (1960), unter Einbeziehung von Erstbeschreibungen, mindestens 22 verschiedene Arten von Magen-Darm-Würmern und Karpatengämsen (ALMASAN u. NESTEROV, 1972) 13 Arten. MITUCH (1969) und MITUCH et al. (1989) beschrieben elf verschiedene Magen-Darm-Nematodenspezies bei der Tatragämse (vgl. Tab. 4).

Der Labmagen stellte, in Übereinstimmung mit Untersuchungen anderer Autoren, das am stärksten befallene Organ des Magen-Darm-Traktes der Gämsen in Deutschland dar. Die durchschnittliche Wurmbürde (arithmetisches Mittel) lag bei 1022 Nematoden/Tier. Der Befall ist damit mit den Angaben von PROSL (1978) über die Untersuchung von 16 Gämsen aus Oberammergau mit 933 Würmern/Tier und aus Österreich bei 90 Tieren mit 931 Nematoden/Tier vergleichbar. Auch BRUGGER (1996) ermittelte entsprechende mittlere Befallszahlen (861 Würmer/Tier) ebenso wie REITER (1980) mit 1072 Nematoden/Stück. PROSL et al. (1978)/FELDBACHER (1979) stellten einen mittleren Befall des Magen-Darm-Kanals von 1069 Würmern bei Stücken mit Gamsräude und 1060 Nematoden bei nicht-räudigen Tieren aus Tirol fest. In der Arbeit von TRIMAILLE (1985) wurden mit durchschnittlich 220 Nematoden im Labmagen wesentlich niedrigere Wurmzahlen angegeben, gleiches gilt für die mit 112 bzw. 197 Würmern/Tier bei Kaukasusgämsen (5 bzw. 4 Tiere) durch RUHLJADEV (1958) festgestellten Befallsintensitäten.

Der als sehr pathogen für kleine Wiederkäuer geltende Labmagenparasit *H. contortus* wurde mit einer Prävalenz von 57% und einem Befall von 27 Würmern/Tier (arithmetisches Mittel) bei den Gämsen gefunden. In den meisten Publikationen über die Untersuchung von Alpen-, Pyrenäen-, Karpaten- und Kaukasusgämsen wurde dieser Nematode genannt (ASADOV, 1959; KOTRLÝ u. KOTRLÁ, 1970; ALMASAN u. NESTEROV, 1972; BALBO et al., 1973, 1978, 1985; PROSL, 1973, 1978; REITER, 1980; GENCHI et al., 1982, 1984, 1985; BIDOVEC, 1985; NOCTURE, 1986; ROSSI et al., 1989b; GONZALO-IGLESIA, 1993), wobei Prävalenzen zwischen 4 bis etwa 70% angegeben worden sind.
Interessanterweise ist bei den 38 untersuchten Stücken aus Baden-Württemberg die Prävalenz von 78% bei einem Befall von 28 Würmern/Tier (arithmetisches Mittel)

ausgesprochen hoch; ähnliche Ergebnisse wurden lediglich von CITTERIO et al. (2006) bei der Untersuchung von Alpengämsen aus der nördlichen Lombardei in Italien angegeben. Bei dieser Untersuchung betrug die Befallsextensität mit *H. contortus* 82% bei annähernd doppelt so hoher Befallsintensität wie bei den Gämsen aus Baden-Württemberg. Dort konnten ebenfalls die für die Wildwiederkäuer des Hochgebirges charakteristischen Labmagennematoden *M. marshalli* und *G. occidentalis* bei den Gämsen aus beiden Regionen nicht festgestellt werden. Das Fehlen dieser hatten CITTERIO et al. (2006) mit nicht typisch alpinen klimatischen Bedingungen im Gebiet assoziiert, die sehr wahrscheinlich für das Vorkommen von *H. contortus* förderlich sind, dessen Larven nur eine geringe Überwinterungsfähigkeit im alpinen Raum besitzen (TREPP, 1973; HÖSLI, 1975).

Aus der Unterfamilie Ostertagiinae stellten *O. circumcincta* und die Morphen *O. pinnata* und *O. trifurcata* in der Summe den größten Anteil der Labmagennematoden. Diese Gruppe von Würmern wird regelmäßig bei parasitologischen Sektionen von Gämsen festgestellt, was für die weite Verbreitung dieser Parasiten der kleinen Wiederkäuer spricht. In nahezu allen Publikationen zum Helminthenbefall von Gämsen besitzt *O. circumcincta* eine sehr hohe Befallsextensität, die über 50% liegt (vgl. Tab. 5). TRALDI et al. (1986) stellten sogar eine Prävalenz von 100% fest. Als maximale Befallszahlen gaben ROSSI et al. (1989b) 1730 Nematoden bei einer Befallsintensität von 61% an. Diese Angaben sind vergleichbar mit den Ergebnissen der eigenen Untersuchung, welche für *O. circumcincta* eine Prävalenz von etwa 94% bei einer maximalen Befallsintensität von 1575 Würmern ergaben.

Die zwei charakteristischen Nematoden des Labmagens der Gämse, *M. marshalli* und *G. occidentalis*, wurden in der eigenen Untersuchung nur bei Gämsen aus Bayern nachgewiesen. Bei einer Befallsextensität von 86 bzw. 68% stellten sie einen wesentlichen Anteil der Nematodenfunde dar und mit Befallsintensitäten (arithmetisches Mittel) von 329 und 102 Nematoden/Tier bildeten sie die stärkste Gruppe der Ostertagiinae nach *O. circumcincta*. Von PROSL (1978) wurden diese Nematoden bei parasitologischen Sektionen von Gämsen aus Oberammergau mit Prävalenzen von 50 bzw. 44% nachgewiesen; als Maximalwerte wurden in der Literatur von ROSSI et al. (1989b) Befallsextensitäten von 98 bzw. 83% berichtet. Beide Nematoden sind regelmäßig bei Untersuchungen von Alpengämsen in Österreich, Frankreich, Italien und Slowenien mit ähnlicher Nachweishäufigkeit gefunden worden und daher auch in den entsprechenden Verbreitungsgebieten als typische

Labmagennematoden der Gämsen anzusehen (GEBAUER, 1932; BALBO et al., 1973, 1978; PROSL, 1973, 1978; PROSL et al., 1978/FELDBACHER, 1979; REITER, 1980; GENCHI et al., 1982, 1985; BIDOVEC, 1985; TRALDI et al., 1986; ROSSI et al., 1989b, 1996; ZAKRAJŠEK, 1995). Beide Labmagennematoden konnten auch bei Pyrenäengämsen in Frankreich und Spanien nachgewiesen werden (ALCOUFFE, 1991/ALCOUFFE et al., 1992; GONZALO-IGLESIA, 1993). Bei Kantabrischen Gämsen in Spanien gaben DÍEZ-BAÑOS et al. (1987) Prävalenzen von jeweils 78% an.

Beide Nematoden fehlen jedoch bei Tatra-, Balkan- und Karpatengämse sowie bei Alpengämsen, die in der Tschechei, der Slowakei und Neuseeland eingebürgert worden sind (vgl. Tab. 4). Bei Kaukasusgämsen ist eine neue *Marshallagia*-Art, *M. skrjabini,* beschrieben worden (ASADOV, 1954); RUHLJADEV (1958) erwähnte das Vorkommen von *G. occidentalis* bei Kaukasusgämsen, ohne jedoch *Marshallagia*-Würmer gefunden zu haben. *Marshallagia skrjabini* unterscheidet sich deutlich in der Morphologie von anderen Vertretern der Gattung *Marshallagia.* Dieser Nematode scheint aber ein sehr seltener Parasit bei der Gämse zu sein, da in den nachfolgenden Arbeiten von ASADOV (1960, 1963, 1971) immer nur von einem Fund berichtet wurde, bei dem es sich um das Exemplar aus der Erstbeschreibung handeln dürfte.

Marshallagia marshalli und *G. occidentalis* konnten ebenso nicht bei Gämsen aus den Vogesen, dem Schwestergebirge des Schwarzwaldes auf der französischen Seite des Rheins, nachgewiesen werden (HUGONNET u. EUZÉBY, 1982; VENTÉJOU, 1985), deren Gründertiere aus dem Schwarzwald stammten (BAMBERG, 1979; SATTLER, 1986a). In diversen Untersuchungen von Gämsen aus der Lecco-Provinz in der Lombardei, Italien, ist auf das Fehlen dieser Nematoden in dem etwa 260 Quadratkilometer großen Gebiet spezifisch hingewiesen worden (BROGLIA et al., 2000; CITTERIO et al., 2006; CITTERIO u. LANFRANCHI, 2006); beide Vertreter sind ebenso nicht in einigen Studien aus Frankreich (MONTAGUT et al., 1981) und der Schweiz (DOLLINGER, 1974; SALZMANN u. HÖRNING, 1974) gefunden worden. SALZMANN u. HÖRNING (1974) hatten 45 Tiere aus dem Schweizer Jura untersucht, wo zwischen 1950 und 1960 insgesamt 75 Alpengämsen ausgewildert wurden. In den oben genannten Publikationen aus Italien ist mildes Klima als mögliche Ursache für das Fehlen von *M. marshalli* diskutiert worden, die eine ausgesprochene Adaptation an das alpine Klima besitzt. Interessant erscheint in diesem Zusammenhang der Nachweis von *M. marshalli* bei zwei Weißwedelhirschen, *Odocoileus virginianus*, in der ehemaligen Tschechoslowakei durch KOTRLÝ u. KOTRLÁ (1980).

Spiculopteragia böhmi, *R. mathevossiani*, *O. leptospicularis* und *S. kolchida*, die häufige Parasiten einheimischer Zerviden wie Reh- und Rotwild sind (BARTH, 1972; REHBEIN et al., 2000, 2002), kamen ebenfalls bei Gämsen in Bayern und Baden-Württemberg vor. Der Labmagennematode *S. böhmi* wurde bei 42% der 223 untersuchten Tiere mit einer Befallsintensität (geometrisches Mittel) von 4 Nematoden/Tier gefunden, seine Morphe *R. mathevossiani* bei 7% der Stücke mit einem mittleren Befall von weniger als einem Wurm/Tier. In Baden-Württemberg stellten diese Nematoden mit Prävalenzen von über 50% bzw. 14% einen wesentlich höheren Anteil der Labmagennematodenbürde. Für die beiden weiteren Zervidennematoden, *O. leptospicularis* und *S. kolchida*, waren Befallsextensität und -intensität bei den Gämsen aus beiden Bundesländern vergleichbar, jedoch bei geringeren Prävalenzen als bei *S. böhmi*. PROSL (1978) hatte in seiner Untersuchung von 16 Gämsen aus Oberammergau bei 44% der Stücke *S. böhmi* gefunden, was dem Ergebnis der eigenen Arbeit entspricht, gleiches gilt für *S. kolchida* (13%) und *R. mathevossiani* (6%); nur *O. leptospicularis* wurde mit einer deutlich höheren Befallsextensität (38%) nachgewiesen.

Während *S. böhmi* in annähernd allen Ländern als Labmagenparasit der Gämse mit Prävalenzen zwischen 15 bis etwa 50% festgestellt worden ist (vgl. Tab. 3), wurden Funde der Morphe *R. mathevossiani* nur in Deutschland (PROSL, 1978), Österreich (PROSL, 1973, 1978; PROSL et al., 1978/FELDBACHER, 1979), der Schweiz (DOLLINGER, 1974), Frankreich (VENTÉJOU, 1984) und in Aserbaidschan (ASADOV, 1960) mit Befallsextensitäten von unter 10% berichtet. *Ostertagia leptospicularis* findet sich – außer bei Gämsen in Spanien, Rumänien, Bulgarien, der Slowakei und Bosnien-Herzegowina – in allen Ländern mit Gamswild. Ihre Morphe *S. kolchida* wurde bisher nur in Ländern mit Alpengämsen-Vorkommen beschrieben (vgl. Tab. 3 und 4). Die ermittelten Prävalenzen in den verschiedenen Untersuchungen bewegten sich dabei im gleichen Rahmen wie für *S. böhmi* und *R. mathevossiani*.

Bei den Gämsen aus Baden-Württemberg stellten bei Fehlen von *M. marshalli* und *G. occidentalis* typische Zerviden-Ostertagiinae, *S. böhmi* und *O. leptospicularis* und deren Morphen, einen großen Anteil der Labmagennematoden. Diese Beobachtung wurde auch von BROGLIA et al. (2000), CITTERIO u. LANFRANCHI (2006) sowie CITTERIO et al. (2006) bei der Untersuchung von Alpengämsen aus der Lecco-Provinz in Italien gemacht. Auch bei der Untersuchung von Gämsen und Hirschen im Paneveggio – Pale di San Martino Park stellten RUGGIERI et al. (2007) fest, dass die Labmagennematodenfauna der Gämsen im 14 Jahre umfassenden Studienzeitraum durch typische Zervidennematoden (*S. böhmi*, *O. leptospicularis*) dominiert wurde und sich zunehmend artenärmer darstellte.

Der für Rinder typische Nematode *O. ostertagi* wurde in den eigenen Untersuchungen nur bei zwei Gämsen aus Bayern nachgewiesen, wobei bei einem Tier 765 Nematoden gezählt worden sind. PROSL (1978) hatte *O. ostertagi* bei einem von 16 Stücken aus Oberammergau gefunden. In einigen anderen Untersuchungen ist dieser Nematode mit Prävalenzen zwischen 12% und 60% festgestellt worden (KOTRLÝ u. KOTRLÁ-ERHARDOVÁ, 1970; BALBO et al., 1973, 1978; DOLLINGER, 1973; GENCHI et al., 1982, 1984; TRALDI et al., 1986; CHROUST, 1989).

Der Haarmagenwurm *T. axei,* ein wenig wirtsspezifischer Parasit von Haus- und Wildwiederkäuern, war bei den selbst untersuchten Gämsen mit einer Prävalenz von 48% und einer Befallsintensität (arithmetisches Mittel) von 50 Nematoden/Tier nachgewiesen worden. Obwohl dieser sehr breitwirtige Nematode regelmäßig bei Untersuchungen über Gamswildparasiten festgestellt worden ist (vgl. Tab. 3), finden sich nur wenige Angaben zur Befallsstärke. So gaben z. B. GENCHI et al. (1985) bei der Untersuchung von zwei Populationen (Stichprobe 27 bzw. 10 Tiere) Prävalenzen von 39 und 50% mit maximal 200 bzw. 40 nachgewiesenen Exemplaren an; als mittlere Wurmbürde wurden 35 bzw. 12 Würmer/Tier festgestellt. ROSSI et al. (1989b) isolierten bei wesentlich geringerer Prävalenz (21%) acht Nematoden/Stück bei maximal 119 Exemplaren im Labmagen von Gämsen.

Der Dünndarm wies eine mittlere Wurmbürde (arithmetisches Mittel) von 139 Nematoden/Tier auf. Die maximale Wurmzahl lag bei 3745 Nematoden. TRIMAILLE (1985) gab mit einer mittleren Wurmbürde von 40 Nematoden/Tier einen deutlich niedrigeren Wert an. PROSL (1978) mit 277 Würmern (Österreich) bzw. 285 (Oberammergau) und REITER (1980) mit 371 Würmern/Gämse stellten in ihren Untersuchungen jeweils mehr als doppelt so hohe mittlere Wurmzahlen fest.
Bei der eigenen Untersuchung wurden insgesamt 5 Arten der Gattung *Nematodirus* gefunden, am häufigsten *N. filicollis* und *N. battus* mit Prävalenzen von 50% bzw. 28%. Letzterer, ein typischer Schafparasit, wurde zum ersten Mal bei der Gämse in Deutschland beschrieben. Des Weiteren wurden mit deutlich geringerer Nachweishäufigkeit und Befallsintensität *N. rupicaprae* (4,5%), *N. europaeus* (2%) und *N. helvetianus* (0,4%) festgestellt. Die letztgenannten Spezies sind beim Rehwild bzw. beim Rind in Mitteleuropa als Dünndarmparasiten weit verbreitet (KRIEGER, 1960;

BARTH, 1972; SCHULTZE-RHONHOF, 1972; PROSL, 1973, 1986; HINAIDY et al., 1979; KAUFMANN u. PFISTER, 1986; EIPELDAUER, 1999; REHBEIN et al., 2003). *Nematodirus filicollis* stellt einen typischen Vertreter der Nematodenfauna des Dünndarms der Gämsen dar und wurde weltweit in allen Gämsenvorkommen, außer bei Abruzzengämsen, nachgewiesen (vgl. Tab. 3 und 4). In Übereinstimmung mit diversen Arbeiten zur Parasitenfauna der Alpengämsen (PROSL, 1973, 1978; BALBO et al., 1978, 1985; GENCHI et al., 1982, 1984, 1985; REITER, 1980; BIDOVEC, 1985; TRALDI et al., 1986; ZAKRAJŠEK, 1995; BRUGGER, 1996) stellte *N. filicollis* den größten Anteil innerhalb der Gattung sowie unter den Dünndarmparasiten insgesamt, meist mit Prävalenzen von über 50%. Die Untersuchungen von GUSCI et al. (1991) stellen eine Ausnahme dar, da die von ihnen untersuchten Gämsen zu weniger als 10% mit *N. filicollis* befallen waren, obwohl nachweislich Kontakt zu Haus- und Wildwiederkäuern bestand, die wesentlich höhere Befallsextensitäten aufwiesen. CHROUST (1989) wies bei der Untersuchung von 63 tschechischen Alpengämsen *N. filicollis* bei 42% der Stücke mit bis zu 89 Würmern/Tier nach, während KOTRLÝ u. KOTRLÁ (1980) in der Zusammenfassung ihrer Untersuchungen über den Helminthenbefall von Schalenwild in der ehemaligen Tschechoslowakei eine Prävalenz von 20% angeben. Von ALMASAN u. NESTEROV (1972) wurde *N. filicollis* auch bei der Karpatengämse beschrieben. In Georgien ist dieser Nematode von PUPKOV (1971) erwähnt worden, scheint aber insgesamt bei Gämsen im Kaukasusgebiet selten zu sein, da er von anderen Autoren bei Kaukasusgämsen nicht festgestellt wurde.

Nematodirus battus ist mit sehr hoher Prävalenz (65%) in Baden-Württemberg isoliert worden, während die Gämsen aus Bayern nur zu 20% mit diesem Parasiten befallen waren. Erstmals wurde dieser Dünndarmnematode in Deutschland durch BAUER (1989) bei Schaflämmern in Hessen beschrieben, später dann bei Schafen sowohl in Bayern als auch in Baden-Württemberg (REHBEIN et al., 1996, 1998). Dieser Parasit ist bereits in der Vergangenheit von einigen Autoren bei Gämsen mit Frequenzen zwischen 3 bis 40% nachgewiesen worden. Funde von *N. battus* sind bei Pyrenäengämsen (ALCOUFFE, 1991/ALCOUFFE et al., 1992) und Alpengämsen (HUGONNET et al., 1981; MONTAGUT et al., 1981; GENCHI et al., 1985; VENTÉJOU, 1985; TRALDI et al., 1986; PRUD'HOMME u. GAUTHIER, 1992; PRUD'HOMME u. DURAND, 1994) in Frankreich und Italien beschrieben worden, wobei dort häufig Schafhaltung in den Einstandsgebieten des Gamswildes betrieben wird. Auf Anfrage im Forstbetrieb Kirchzarten, aus dessen Bereich ein Großteil der Stücke aus Baden-Württemberg stammte, wurde mitgeteilt, dass in den Gamswild-Revieren eine

Schafbewirtschaftung nicht erfolgt (HABERSTROH, persönliche Mitteilung 2007).

Nematodirus rupicaprae ist ein typischer Parasit der Gämsen und, wie *M. marshalli* und *G. occidentalis,* vor allem im Alpenraum verbreitet; in Baden-Württemberg konnte er nicht nachgewiesen werden. Vertreter dieses Dünndarmnematoden wurden bei Untersuchungen von Alpengämsen in Österreich, Italien und Frankreich (BIOCCA et al., 1982; GENCHI et al., 1982, 1983, 1984, 1985; CORTI et al., 1984; TRIMAILLE, 1985; ROSSI et al., 1989b, 1996; GUSCI et al., 1991; PRUD'HOMME u. GAUTHIER, 1992; PRUD'HOMME u. DURAND, 1994; BRUGGER, 1996) sowie bei Pyrenäengämsen (ALCOUFFE, 1991/ALCOUFFE et al., 1992) gefunden. Eine außergewöhnlich hohe Befallsextensität (100%) und -intensität (86,6 Würmer/Tier arithmetisches Mittel) fanden GENCHI et al. (1985) bei der Untersuchung von 10 Alpengämsen aus dem Nationalpark Stilfser Joch, was die Ergebnisse der eigenen Arbeit wesentlich übersteigt.
Bei *N. europaeus*- und *N. helvetianus*-Nachweisen bei Gämsen handelte es sich überwiegend um Funde mit geringer Befallsextensität und -intensität (PROSL, 1973; BALBO et al., 1978, 1985, VENTÉJOU, 1985; BRUGGER, 1996), was den Ergebnissen der eigenen Arbeit entspricht. Als typischer Parasit des Rehes stellt *N. europaeus* einen seltenen Befund bei Gämsen dar. Vergleichsweise hohe Prävalenzen von *N. helvetianus* wurden lediglich in den Untersuchungen von GENCHI et al. (1984; 19%, 36 Alpengämsen) und DÍEZ-BAÑOS et al. (1987; 92%, 15 Kantabrische Gämsen) festgestellt.

Capillaria bovis wurde bei 41% der untersuchten Gämsen mit einer Befallsintensität von 1,4 Würmern/Tier (geometrisches Mittel) nachgewiesen. Funde von Vertretern dieser Gattung sind in Frankreich (HUGONNET u. EUZÉBY, 1981; CORTI et al., 1985; VENTÉJOU, 1985; PRUD'HOMME u. GAUTHIER, 1992; PRUD'HOMME u. DURAND, 1994), Italien (ROSSI, 1989b), Österreich (KUTZER u. HINAIDY, 1969; SCHRÖDER, 1971; PROSL, 1973, 1978; HINAIDY et al., 1979; BRUGGER, 1996), der Schweiz (SALZMANN und HÖRNING, 1974), Spanien (DÍEZ-BAÑOS et al., 1987; GONZALO-IGLESIA, 1993) und der ehemaligen ČSSR (CHROUST, 1987, 1989, 1991, 1993) publiziert worden, woraus zu schließen ist, dass *Capillaria* spp. bei vielen Gamsunterarten vorkommen. Auch bei der Kaukasusgämse in Aserbaidschan wurde *Capillaria bovis* (ASADOV, 1959a, b, 1960) gefunden. Mit Prävalenzen von über 25 bzw. 42% konnten diese Nematoden, entsprechend den eigenen Ergebnissen, ebenfalls als wesentliche Vertreter der Dünndarmnematodenfauna bei

Pyrenäengämsen und Kantabrischen Gämsen in Spanien nachgewiesen werden (DÍEZ-BAÑOS et al., 1987; GONZALO-IGLESIA, 1993). Dabei wurden mittlere Befallsintensitäten von 11,4 Nematoden/Stück bei einem Maximum von 45 Exemplaren bei Kantabrischen Gämsen festgestellt.

Trichostrongylus capricola stellte mit einer Prävalenz von 27% den am häufigsten gefundenen Vertreter der Gattung *Trichostrongylus* im Dünndarm dar, gefolgt von *T. vitrinus* mit 21%. *Trichostrongylus colubriformis* wurden bei den 223 untersuchten Gämsen nur mit geringer Prävalenz (8,5%) nachgewiesen. Der Befall mit diesen Arten (geometrisches Mittel) war mit weniger als 2 Würmern/Tier aber nur geringgradig. PROSL (1978) gab bei Untersuchungen von 16 Gämsen aus Oberammergau für diese Arten Prävalenzen zwischen 38 bis 50% an. In einer großen Zahl weiterer Arbeiten (RUHLJADEV, 1958; ASADOV, 1959a, b; KOTRLÝ u. KOTRLÁ-ERHARDOVÁ, 1970; PUPKOV, 1971; BALBO et al., 1973, 1978, 1985; PROSL, 1973; PROSL et al., 1978/FELDBACHER, 1979; GENCHI et al., 1982, 1983, 1984, 1985; CHROUST, 1989; DONAT u. DUCOS de LAHITTE, 1989a, b; ROSSI et al., 1989b; ALCOUFFE, 1991/ALCOUFFE et al., 1992; GUSCI et al., 1991; PRUD'HOMME u. GAUTHIER, 1992; BRUGGER, 1996) wurden *Trichostrongylus* spp. in Mischinfektionen als regelmäßig angetroffene Parasiten von Alpen-, Pyrenäen-, Kantabrischen und auch Kaukasusgämsen beschrieben, wobei die jeweiligen Prävalenzen starken Schwankungen unterlagen. So geben BALBO et al. (1978) Prävalenzen von unter 10% an, während in den Studien von REITER (1980)/PROSL u. REITER (1984), DÍEZ-BAÑOS et al. (1987) und ROSSI et al. (1989b, 1996) über 40% der Tiere infiziert waren. In Rumänien (ALMASAN u. NESTEROV, 1972) und Neuseeland (ANDREWS, 1973) wurde bisher nur *T. vitrinus* bei Gämsen gefunden.

Der Erstnachweis von *T. longispicularis* bei Gämsen in Deutschland gelang bei zwei Tieren aus Bayern mit 10 bzw. 15 Exemplaren. Dieser Nematode war bereits bei Rehwild und Schafen in Deutschland beschrieben worden (EIPELDAUER, 1999). Auch in Frankreich wurde dieser vor allem bei Rindern anzutreffende Trichostrongylide bei Alpen- und Pyrenäengämsen ebenfalls mit sehr geringer Befallsextensität diagnostiziert (CORTI et al., 1984; TRIMAILLE, 1985; DONAT u. DUCOS de LAHITTE, 1989a, b; ALCOUFFE, 1991/ALCOUFFE et al., 1992; DURAND, 1997; PRUD'HOMME u. DURAND, 1994).

Vertreter der Gattung *Cooperia* wurden in der eigenen Untersuchung bei sieben Gämsen aus Bayern und Baden-Württemberg nachgewiesen, in vier Fällen *C.*

oncophora, bei drei Tieren *C. punctata* und einmal *C. pectinata*, wobei bei einem Tier sowohl *C. oncophora* und *C. punctata* nachweisbar waren. CHROUST (1989) beschrieb ebenfalls den Befall von Gämsen mit der Art *C. pectinata,* die ein weit verbreiteter Parasit der einheimischen Zerviden ist (EIPELDAUER, 1999; REHBEIN et al., 2000, 2001, 2002). Bisher wurde ein Befall der Gämsen mit *Cooperia* spp. in Deutschland nicht erwähnt, jedoch in Frankreich (EUZÉBY u. HUGONNET, 1981; VENTÉJOU, 1985; NOCTURE, 1986; DONAT u. DUCOS de LAHITTE, 1989a, b), der ehemaligen ČSSR (CHROUST, 1989, 1991) sowie in Italien (GENCHI et al., 1983; TRALDI et al., 1986; ROSSI et al., 1989b). Die genannten Arbeiten geben bei den untersuchten Alpen- und Pyrenäengämsen, in Übereinstimmung mit den eigenen Ergebnissen, sehr niedrige Nachweishäufigkeiten an.

Die Dickdarmnematoden haben in der eigenen Untersuchung mit weniger als einem Prozent den geringsten Anteil an der Gesamtwurmbürde des Magen-Darm-Kanals. Insgesamt 79% der 223 untersuchten Gämsen wiesen Nematoden im Dickdarm auf. Der Befall lag bei durchschnittlich 8 Würmern/Tier (arithmetisches Mittel). Dies entspricht etwa den Angaben von PROSL (1978, 8 Nematoden/Tier), REITER (1980, 13 Exemplare/Stück) und TRIMAILLE (1985, 3 Würmer/Tier).
In Übereinstimmung mit Publikationen aus anderen Ländern wurden im Dickdarm beim Gamswild in Bayern und Baden-Württemberg *O. venulosum*, *C. ovina*, *T. ovis* und *T. globulosa* gefunden. Als häufigster Dickdarmnematode ist der breitwirtige Strongylide *O. venulosum* mit einer Prävalenz von 58% und einer mittleren Befallsintensität von 3 Würmern/Stück nachgewiesen worden. PROSL (1978) gab eine Prävalenz von 50% bei der Untersuchung von 16 Gämsen aus Oberammergau an. Bei der Untersuchung von Gämsen aus Österreich wurde von PROSL (1978) eine mittlere Befallsintensität von 2,3 Nematoden/Tier festgestellt, während BRUGGER (1996) lediglich 0,3 Würmer/Tier im Dickdarm gefunden hat. Insgesamt wurde dieser Nematode in nahezu allen Regionen mit Gamsvorkommen mit variierenden Nachweishäufigkeiten beschrieben (vgl. Tab. 5). *Oesophagostomum radiatum* ist bisher in nur wenigen Arbeiten aus Italien (GENCHI, 1982, 1983), Österreich (PROSL, 1978) und Frankreich (CORTI et al., 1985, TRIMAILLE, 1985; VENTÉJOU, 1985) bei Alpengämsen beschrieben worden und konnte in der eigenen Untersuchung nicht nachgewiesen werden. Aufgrund der ausgeprägten Wirtsspezifität scheint dieser typische Nematode des Rindes nur in Ausnahmefällen bei Gämsen zu parasitieren, wo eine entsprechende Exposition besteht.

Der Befall mit dem Palisadenwurm *C. ovina* wurde mit einer Prävalenz von 27% festgestellt. Vergleichbare Befallsextensitäten wurden auch in Österreich (PROSL, 1973, 1978; PROSL et al., 1978/FELDBACHER, 1979; REITER, 1980/PROSL u. REITER, 1984), Italien (BALBO et al., 1978; GENCHI et al., 1982, 1985, 1986), Frankreich (NOCTURE, 1986) und Slowenien (BIDOVEC, 1985/BIDOVEC u. TOMAŠIČ, 1995; ZAKRAJŠEK, 1995) bei Alpengämsen gefunden. ROSSI et al. (1989b) fanden im Rahmen ihrer Untersuchung mit einer Prävalenz von 61% die bisher höchste Befallsextensität von *C. ovina* bei Gämsen. Die selbst untersuchten Stücke waren durchschnittlich (arithmetisches Mittel) von 0,7 Würmern/Tier befallen. BRUGGER (1996) hingegen stellte mit 1,5 Nematoden/Tier eine doppelt so hohe Befallsintensität fest. Zunehmende *Chabertia*-Zahlen mit steigendem Alter der Gämsen wurden auch von PROSL (1978) bei Untersuchungen von Gämsen aus Österreich und Bayern (Oberammergau) erwähnt.

Zwei Arten von Peitschenwürmern – *T. ovis* und *T. globulosa* – sind mit Prävalenzen von 34% bzw. 22% im Dickdarm von Gämsen aus Bayern und Baden-Württemberg nachgewiesen worden. Ähnliche Nachweishäufigkeiten wurden in verschiedenen Arbeiten über Alpengämsen (PROSL, 1973, 1978; PROSL et al., 1978/FELDBACHER, 1979, BIDOVEC, 1985/BIDOVEC u. TOMAŠIČ, 1995; ROSSI et al., 1989b; ZAKRAJŠEK, 1995) festgestellt und in anderen Ländern bei Gamswild beschrieben (vgl. Tab. 3 und 4). REITER (1980) fand bei Gämsen deutlich höhere Prävalenzen, die für *T. ovis* mit 68% und bei *T. globulosa* mit 36% angegeben wurden. BRUGGER (1996) berichtete von einer Befallsextensität von 93% mit *T. ovis* bei Gämsen aus Osttirol. Während in dieser Arbeit Vertreter von *T. globulosa* nicht nachgewiesen wurden, war *T. skrjabini* mit einer Prävalenz von etwa 7% vertreten.
Ein Einfluss des Alters, der sich mit höherer Befallsextensität und -intensität bei Kitzen im Vergleich zu älteren Gämsen zeigt, wurde auch in der Arbeit von PROSL (1978) gefunden und ebenfalls von HUGONNET und EUZÉBY (1981) erwähnt. Diverse Autoren (ASADOV, 1959a, b, 1960, 1963; BALBO et al., 1973, 1978; PROSL, 1973, 1978; PROSL et al., 1978/FELDBACHER, 1979; MONTAGUT et al., 1981; GENCHI et al., 1983; VENTÉJOU, 1985; LANFRANCHI et al., 1991; HARS, 1992; PRUD'HOMME u. DURAND, 1994; BRUGGER, 1996) aus Nachbarländern und dem europäischem Ausland haben weitere Arten von Peitschenwürmern – *T. cervicaprae, T. discolor, T. rupicaprae, T. skrjabini* – festgestellt, die in den eigenen Untersuchungen bei Gämsen in Deutschland nicht nachgewiesen werden konnten.

Zestoden des Dünndarms, *Moniezia* spp. und *A. centripunctata*, wurden bei etwa einem Drittel der untersuchten Tiere gefunden. Bei lediglich 37% der *Moniezia*-befallenen Tiere waren auch *Moniezia*-Eier im Enddarmkot nachweisbar. Bei Gämsen aus Bayern waren sowohl *Moniezia* spp. als auch *A. centripunctata* nachweisbar, während letztere bei den Stücken aus Baden-Württemberg nicht gefunden wurde. In Deutschland wurden Funde von Bandwürmern bereits von STROH (1911), KREMBS (1939) und WEIDENMÜLLER (1961, 1971) erwähnt, die bei pathologischen Sektionen von über 120 Tieren vier Mal die Diagnose „Bandwürmer" oder „Taenien" stellten. In Übereinstimmung mit den eigenen Ergebnissen gaben EUZÉBY u. HUGONNET (1980) an, dass *Moniezia* spp. bei älteren Stücken kaum auftreten. Da die Infektion mit *Moniezia*-Bandwürmern an die ubiquitär vorkommenden Moosmilben (Oribatidae) gebunden ist, finden sich in der Literatur häufig Beschreibungen von Bandwurmbefall im Dünndarm von Gämsen aus allen Ländern, in denen Gämsen heimisch sind (vgl. Kapitel 2.1.1.2).

Etwa ein Achtel der selbst untersuchten Gämsen (27 Stücke) wiesen Bandwurmfinnen, Cysticercus tenuicollis des Fleischfresserbandwurmes *Taenia hydatigena*, auf, wobei maximal drei Finnenblasen am Gekröse gezählt worden sind. Dabei handelt es sich ausschließlich um ältere Stücke. Auch MOUNE (1995) konstatierte, dass vor allem ältere Tiere Träger von Finnen sind. Die Infektion der Alles- und Pflanzenfresser erfolgt durch die Aufnahme von Futterpflanzen, die mit Kot von Fleischfressern verschmutzt wurden, in dem Entwicklungsstadien von *Taenia hydatigena* enthalten waren. Als Endwirte der *Taenia hydatigena* kommen in Deutschland vor allem der Fuchs und der Hund in Betracht. Finnenblasen wurden regelmäßig, unabhängig von Art und Herkunft der untersuchten Gämsen, bei pathologischen und parasitologischen Sektionen gefunden; es handelte sich meist um einzelne Zystizerken, die im Bereich des Gekröses oder subserös an Organen des Bauchraumes lokalisiert waren (vgl. Kapitel 2.1.1.2).

Im deutschsprachigen Raum gaben SALZMANN u. HÖRNING (1974, 58 Tiere) bei einer Untersuchung in der Schweiz eine Prävalenz von 14% und PROSL (1978, 106 Tiere) in Österreich von 31% an. In seiner Untersuchung über Pyrenäengämsen ermittelte GONZALO-IGLESIA (1993) mit 84% die bislang höchste bekannte Befallsextensität.

Mit der vorliegenden Untersuchung über die Helminthenfauna der Gämsen in Deutschland konnte das Spektrum der bisher beschriebenen 20 Spezies von Magen-Darm-Nematoden (vgl. PROSL, 1978), bis auf *Skrjabinema ovis*, bestätigt und um neun weitere Nematodenarten (*N. battus, N. rupicaprae, N. europaeus, N. helvetianus, C. oncophora, C. pectinata, C. punctata, T. longispicularis, T. globulosa*) sowie zwei Zestodenarten (*M. benedeni, A. centripunctata*) erweitert werden. Ein Großteil der bei Gämsen in Deutschland nachgewiesenen Magen-Darm-Nematoden (*H. contortus, O. ostertagi, O. circumcincta, O. trifurcata, N. filicollis, N. helvetianus, T. axei, T. capricola, T. colubriformis, C. bovis, C. punctata, C. ovina, O. venulosum, T. ovis, T. globulosa*), darunter typische Zervidennematoden (*O. leptospicularis, S. böhmi, R. mathevossiani, S. kolchida, C. pectinata*) wurde auch in Süddeutschland bei Reh- und Rotwild festgestellt (KRIEGER, 1960; BARTH, 1972; SCHULTZE-RHONHOF, 1972). Dabei stammten die von KRIEGER (1960) und SCHULTZE-RHONHOF (1972) untersuchten Rothirsche nachweislich aus Gebieten bzw. Revieren von Forstämtern mit Gamswildvorkommen (Garmisch-Partenkirchen, Jachenau, Marquartstein), aus denen für die vorliegende Arbeit Gämsen zur Untersuchung gelangt sind.
Das Vorkommen der dominierenden Parasiten des Labmagens (*M. marshalli, G. occidentalis, O. circumcincta, O. trifurcata* und *O. pinnata*), des Dünndarms (*N. filicollis, N. battus, Trichostrongylus* spp.) und des Dickdarms (*O. venulosum, C. ovina, Trichuris* spp.) ist vergleichbar mit den Ergebnissen der meisten Untersuchungen über die Helminthenfauna der Alpengämsen aus Österreich, der Schweiz, Italien und Frankreich. Vor allem die von PROSL (1973) und PROSL et al. (1978)/FELDBACHER (1979) durchgeführten parasitologischen Sektionen zeigen eine weitgehende Übereinstimmung mit den Ergebnissen der eigenen Arbeit, was die Zusammensetzung des Parasitenspektrums sowie die ermittelten Befallsextensitäten und -intensitäten anbelangt.

Das bei den Gämsen in Deutschland festgestellte Spektrum an Magen-Darm-Helminthen ist als charakteristisch für diese Tierart anzusehen. Neben den für Hochgebirgswiederkäuer typischen *M. marshalli, G. occidentalis, N. rupicaprae* und *A. centripunctata* dominierten *H. contortus, Ostertagia-, Trichostrongylus-* und *Nematodirus*-Arten, die auch bei kleinen Hauswiederkäuern überwiegende Magen-Darm-Parasiten sind. Für Rinder charakteristische Nematodenspezies sind hingegen in nur wenigen Fällen nachgewiesen worden. Daraus ist zu schließen, dass wechselseitige Infektionen von Wild- durch Hauswiederkäuer im Untersuchungsgebiet offensichtlich nur eine geringe Rolle spielen. Der Nachweis von *N. battus* bei etwa einem Viertel der Tiere ist allerdings als Hinweis für das Übergehen eines Schafparasiten auf Gämsen zu werten. Vergleichbare Beobachtungen wurden bei Rotwild gemacht (REHBEIN et al., 2002). Bereits GEBAUER (1932) und auch ROSSI et al. (1995, 1996) kamen zu dem Ergebnis, dass die Nematodenfauna selbst räumlich getrennter Populationen von Gämsen eher miteinander vergleichbar ist, als mit der der jeweils dort vorkommenden anderen Wild- und Hauswiederkäuer. Diese Feststellung machten ebenfalls HUGONNET et al. (1981), die beim Vergleich von einer Gämsen- und einer Schafpopulation im selben Gebiet eine jeweils unterschiedliche Nematodenfauna vorfanden, so dass nur ein geringer Teil der Spezies bei beiden Wiederkäuerarten zu finden war. Gleiches gilt für Gämsen- und Ziegenpopulationen: auch hier zeigte sich, dass eine gegenseitige Ansteckung nur in geringem Maße erfolgte (GENCHI et al., 1984; PINGET u. GIBERT, 1993). KUTZER (1969, 1980, 1988) und TRIMAILLE (1985) konstatieren, dass wechselseitige Infektionen von Haus- und Wildwiederkäuer stattfinden, ihre Auswirkungen auf den jeweiligen Wirt jedoch gering sind. Auch sind die Artenzusammensetzung und Befallsextensität und -intensität der typischen Parasiten der Haus- und Wildwiederkäuer sehr unterschiedlich, was auch von HINAIDY et al. (1979) bestätigt wurde. Die Rolle der Gämse als Nematodenreservoir im Hinblick auf die Hauswiederkäuer ist somit als sehr gering anzusehen, auch wenn durch entsprechende Untersuchungen von ROSSI et al. (1984/1985) die prinzipielle Empfänglichkeit von Schaf- und Ziegenlämmern für die gastrointestinalen Nematoden von Gams- und Steinwild gezeigt werden konnte. Unter diesem Aspekt sind jedoch nicht nur der Nachweis, sondern auch weitere Faktoren – Fruchtbarkeit, Lebensdauer und Pathogenität im Wirt – einzubeziehen, um von einer erfolgreichen Infektion/Übertragbarkeit im neuen Wirt zu sprechen; erst dies beweist, dass sich ein neu erworbener Parasit erfolgreich im Wirt behaupten kann (ROBERTS, 1952). Diese Aussagen lassen sich an Hand der oben genannten Untersuchungen, bei denen es sich um zeitlich begrenzte Studien ohne Betrachtung mehrerer Generationen von Wirten handelt, nicht ableiten. Eine regelmäßige Passagierung eines Parasiten kann zur Ausbildung einer Spezifität für den jeweiligen Wirt führen (KUTZER, 1988). Der alleinige Nachweis ist somit kein eindeutiger Beweis für die erfolgreiche Besetzung einer „parasitologischen Nische" im neuen Wirt.

Lediglich DURAND (2000) stellt in einer neueren Publikation eine mögliche gegenseitige Ansteckung von Haus- und Wildwiederkäuer als Gefahr dar, wobei der Autor das Äsungsverhalten der Gämsen im Frühjahr sowie die Älpung von Rindern, Schafen und Ziegen in Schutzgebieten aufführt.

6. Zusammenfassung

Untersuchungen zum Parasitenbefall des Gamswildes in Deutschland – Helminthen des Gastrointestinaltraktes

Im Rahmen dieser Arbeit wurden 223 Aufbrüche von erlegten Gämsen (43 Kitze; 76 Stücke der Jugendklasse: Böcke 1-2 Jahre, Geißen 1-3 Jahre; 85 Stücke der Mittelklasse: Böcke 3-7 Jahre, Geißen 4-9 Jahre; 19 Stücke der Altenklasse: Böcke ≥ 8 Jahre, Geißen ≥ 10 Jahre; 130 Böcke, 91 Geißen, 2 Stücke ohne Angabe des Geschlechts) parasitologisch untersucht. Dabei stammten 185 Tiere aus Bayern (Bayerische Alpen) und 38 aus Baden-Württemberg (Schwarzwald). Das Untersuchungsmaterial bestand aus den kompletten Magen-Darm-Kanälen (Pansen, Labmagen, Dünndarm, Dickdarm) der Gämsen und wurde in den Jahren 2004, 2005 und 2006 gesammelt.
Die Untersuchung der Enddarmkotproben (n = 223) ergab folgende Ausscheidungsextensitäten von Entwicklungsstadien von Magen-Darm-Helminthen: Strongyliden-Eier, 74%; *Nematodirus/Marshallagia*-Eier, 22%; *Trichuris*-Eier, 10,8%; *Moniezia*-Eier, 9,4%; *Capillaria*-Eier, 6,3%.

Die Labmägen waren zu 100%, Dünn- und Dickdärme zu 88% bzw. 79% mit Nematoden befallen; in den Pansen waren Parasiten nicht nachweisbar. Im Labmagen sind durchschnittlich (geometrisches Mittel) 588 Nematoden/Tier gezählt worden, in Dünn- und Dickdarm betrugen die Wurmbürden 36 bzw. 8 Exemplare/Gämse. Der individuelle Wurmbefall variierte zwischen 29 und 6932 Nematoden, wobei über die Hälfte der Gämsen mit weniger als 1000 Magen-Darm-Nematoden befallen waren. Durch die parasitologische Sektion wurden insgesamt 29 Nematodenarten im Magen-Darm-Kanal der Gämsen festgestellt. Mit Prävalenzen von ≥50% sind *Ostertagia* (*O.*) *circumcincta*, *Marshallagia marshalli*, *O. trifurcata*, *Oesophagostomum venulosum*, *Grosspiculagia occidentalis*, *Haemonchus contortus*, *O. pinnata, Nematodirus* (*N.*) *filicollis,* mit Befallsextensitäten von ≥20 bis <50% *Trichostrongylus* (*T.*) *axei*, *Spiculopteragia böhmi*, *Capillaria bovis*, *Trichuris* (*T.*) *ovis*, *N. battus, Chabertia ovina, T. capricola, T. globulosa, T. vitrinus* und mit einer Nachweishäufigkeit von <20% *O. leptospicularis*, *Skrjabinagia kolchida*, *T. colubriformis*, *Rinadia mathevossiani*, *N. rupicaprae*, *N. europaeus, Cooperia* (*C.*) *oncophora, C. punctata, O. ostertagia, T. longispicularis, C. pectinata* und *N. helvetianus* nachgewiesen worden. Darüber hinaus wurden vier Zestodenarten isoliert, davon drei im Dünndarm – *Moniezia* (*M.*) *expansa* (14,8%), *Avitellina* (*A.*) *centripunctata* (13%), *M. benedeni* (5,4%) – sowie bei 27 Stücken Cysticercus tenuicollis von *Taenia hydatigena* am Gekröse.

Die Helminthenarten *N. battus*, *N. europaeus*, *N. helvetianus*, *N. rupicaprae*, *C. oncophora*, *C. pectinata*, *C. punctata*, *T. longispicularis*, *T. globulosa*, *M. benedeni* und *A. centripunctata* konnten erstmalig als Parasiten bei der Gämse in Deutschland nachgewiesen werden.

Signifikante Unterschiede ($p \leq 0{,}05$) in der Gesamtnematodenbürde bestanden zwischen den Geschlechtern – Böcke waren stärker parasitiert als Geißen – und zwischen den Herkünften der Gämsen – Tiere aus Bayern wiesen eine höhere Wurmbürde als die aus Baden-Württemberg auf. Kitze waren signifikant ($p \leq 0{,}05$) geringergradig mit Dickdarmnematoden und Cysticercus tenuicollis infiziert als ältere Stücke, entgegengesetzt verhielt sich der Befall mit Dünndarmnematoden. Während Kitze signifikant ($p \leq 0{,}05$) höhere *Moniezia*-Wurmzahlen beherbergten als ältere Gämsen, waren *A. centripunctata*-Bandwürmer ausschließlich bei diesen nachweisbar.

Die bei den selbst untersuchten Gämsen festgestellte Helminthenfauna des Magen-Darm-Kanals entsprach weitgehend der bei Gämsen in anderen Vorkommen im Alpenraum.

7. Summary

The helminth fauna of the gastrointestinal tract of chamois (*Rupicapra r. rupicapra* Linnaeus, 1758) in Germany.

A total of 223 entire gastrointestinal tracts (rumen, abomasum, small and large intestine) were obtained from bagged chamois (43 kids; 76 juvenile chamois: males 1-2 years, females 1-3 years; 85 mid age class, males 3-7 years, females 4-9 years; 19 old chamois, males ≥ 8 years, females ≥ 10 years; 130 males, 91 females, 2 animals: gender not provided by the hunters) to determine the helminth fauna. One-hundred-eighty-five chamois originated from Bavaria (Bavarian Alps) and 38 from Baden-Württemberg (Black Forest). The material was collected during the years 2004-2006.

Rectal fecal samples (n = 223) were examined for helminth eggs with following prevalences: strongylid eggs, 74%; *Nematodirus/Marshallagia* eggs, 22%; *Trichuris* eggs, 10.8%; *Moniezia* eggs, 9.4%; and *Capillaria* eggs, 6.3%.

Nematodes were recovered from all abomasa and 88% of the small and 79% of the large intestines; no parasites were found in the rumen. Mean worm counts (geometric mean) were 588 nematodes per animal in the abomasum and 36 and 8 nematodes per chamois in the small and large intestine, respectively. Total individual nematode worm counts varied from 29 to 6932 nematodes; over 50% of the chamois harboured less than 1000 nematodes.

A total of 29 nematode species were identified in the gastrointestinal tracts of the chamois. Prevalences of ≥50% were determined in *Ostertagia* (*O.*) *circumcincta*, *Marshallagia marshalli*, *O. trifurcata*, *Oesophagostomum venulosum*, *Grosspiculagia occidentalis*, *Haemonchus contortus*, *O. pinnata* and *Nematodirus* (*N.*) *filicollis.* Prevalences of ≥20 to <50% were found in *Trichostrongylus* (*T.*) *axei*, *Spiculopteragia böhmi*, *Capillaria bovis*, *Trichuris* (*T.*) *ovis*, *N. battus*, *Chabertia ovina*, *T. capricola*, *T. globulosa*, *T. vitrinus;* prevalences of <20% were observed in *O. leptospicularis*, *Skrjabinagia kolchida*, *T. colubriformis*, *Rinadia mathevossiani*, *N. rupicaprae*, *N. europaeus*, *Cooperia* (*C.*) *oncophora*, *C. punctata*, *O. ostertagia*, *T. longispicularis*, *C. pectinata* and *N. helvetianus.*

A total of four cestode species were identified with three species recovered from the small intestine – *Moniezia* (*M.*) *expansa* (14.8%), *Avitellina* (*A.*) *centripunctata* (13%), *M. benedeni* (5.4%) – and Cysticercus tenuicollis (*Taenia hydatigena* larvae) found in the mesentery of 27 chamois.

The following helminth species were recorded for the first time as parasites of the chamois in Germany: *C. oncophora*, *C. pectinata*, *C. punctata, N. battus*, *N. europaeus*, *N. helvetianus*, *N. rupicaprae*, *T. longispicularis, T. globulosa, M. benedeni* and *A. centripunctata.*

Significant ($p \leq 0.05$) differences in the total nematode burden existed between genders – males showed higher parasitation than female chamois – and origin of the chamois – animals from Bavaria harboured higher worm burdens than those from Baden-Württemberg. Kids were significantly ($p \leq 0.05$) less infected with nematodes of the large intestine and Cysticercus tenuicollis than older chamois. The opposite was seen with respect to the nematode burden of the small intestine. In addition, kids harboured significantly ($p \leq 0.05$) higher *Moniezia* numbers than older animals, while specimens of *A. centripunctata* were exclusively found in older chamois.

Based on these investigations, it can be concluded that the gastrointestinal helminth fauna of chamois in Germany corresponds principally to the helminth fauna of chamois in other countries in the Alpine region.

8. Literatur

Anonym, 1925a.
Einige interessante Ergebnisse der Wildtieruntersuchung.
Österr. Jäger-Zeitung, Nr. 7, 72.

Anonym, 1925b.
Wildkrankheiten.
St. Hubertus 11, 377.

Anonym, 1926.
Wildkrankheiten.
St. Hubertus 12, 208-209.

Anonym, 1927.
Wildkrankheiten.
St. Hubertus 13, 237-238.

Anonym, 1928.
Wildkrankheiten.
St. Hubertus 14, 132-133.

Anonym, 1929.
Wildkrankheiten.
St. Hubertus 15, 185-186, 202.

Anonym, 1930.
Wildkrankheiten.
St. Hubertus 16, 182-184.

Anonym, 1933.
Ausweis über die im Jahre 1932 an der Bundesanstalt für Tierseuchenbekämpfung in Mödling durchgeführten Untersuchungen von Wildtieren.
St. Hubertus 19, 286-287.

Anonym, 1934.
Übersicht über die im Jahre 1933 an der Bundesanstalt für Tierseuchenbekämpfung in Mödling untersuchten Wildkrankheiten.
St. Hubertus 20, 144-145.

Anonym, 1936.
Übersicht über die im Jahre 1935 an der Bundesanstalt für Tierseuchenbekämpfung in Mödling untersuchten Wilduntersuchungen.
St. Hubertus 22, 230-232.

Anonym, 1987.
Faune sauvage d'europe.
Informations Techniques des Services Vétérinaires.
Rosser ed., 94-98.

Anonym, 2006.
Jagdbericht Baden-Württemberg für das Jagdjahr 2005/2006.
Schr. d. Wildforschungsstelle d. Landes Baden-Württemberg, Ber. Nr. 13.

Alcouffe, T., 1991.
Helminthologie de l'isard (*Rupicapra pyrenaica*). Étude éxperimentale sur deux sites pyrénéens entre 1987 et 1990.
Thèse Méd. Vét., Toulouse.

Alcouffe, T., Ducos de Lahitte, J., Ducos de Lahitte, B., 1992.
Étude épidémiologique du parasitisme de l'isard (*Rupicapra pyrenaica*).
Rev. Méd. Vét. 143, 207-211.

Almasan, H., Nesterov, V., 1972.
Beitrag zur Kenntnis der Parasiten-Fauna der Gemse (*Rupicapra rupicapra carpatica* Couturier 1938) in den rumänischen Karpaten.
Zschr. Jagdwiss. 18, 103-106.

Anděra, M., Hanzal, V., 1995.
Atlas rozšířeni savců v České republice – předběžná verze. I. Sudokopytníci (Artiodactyla), zajíci (Lagomorpha).
Národní museum, Praha, 47-49.

Andrews, J. R. H., 1973.
A host-parasite checklist of helminths of wild ruminants in New Zealand.
New Zealand Vet. J. 21, 43-47.

Asadov, S. M., 1954a.
Novaja nematoda (*Marshallagia skrjabini* n. sp.) iz syčuga tura i serny v Azerbajdžane.
Doklady Akad. Nauk Azerbajdžansk. SSR 10 (9), 643-647.

Asadov, S. M., 1954b.
Novyj vid ostertagij (*Ostertagia belockani* n. sp.) iz syčuga tura i serny v Azerbajdžane.
Doklady Akad. Nauk Azerbajdžansk. SSR 10 (12), 875-880.

Asadov, S. M., 1958.
Novaja nematoda (*Nematodirus junctispicularis* n. sp.) iz tonkyh kišok tura, serny i kosuli v Azerbajdžane.
Izvestija Akad. Nauk Azerbajdžansk. SSR, Ser. Biol. Sel'skohozjajstvenn. Nauk, No. 1, 47-51.

Asadov, S. M., 1959a.
[Gel'mintofauna serny v Azerbajdžane].
Izvestija Akad. Nauk Azerbajdžansk. SSR, Ser. Biol. Sel'skohozjajstvenn. Nauk, No. 5, 91-96.

Asadov, S.M., 1959b.
Raspredelenije gel'mintov žvačnyh životnyh po ekologičeskim zonam Azerbajdžanskoj SSR.
Československ. Parasitol. 6, 59-66.

Asadov, S. M., 1960.
O gel'mintofaune domašnyh i dikih žvačnyh v Azerbajdžane.
Trudy Inst. Zool. Akad. Nauk Azerbajdžansk. SSR 21, 97-108.

Asadov, S. M., 1963.
K izučeniju zonal'nogo raspredelenija gel'mintov žvačnyh životnyh v Azerbajdžane.
Izvestija Akad. Nauk Azerbajdžansk. SSR, Ser. Biol. Med. Nauk, No. 3, 35-42.

Asadov, S. M., Jaliev, S. M., 1971.
Gel'mintofauna dagestanskogo tura i kavkazskoj serny v Zakatal'skom goszapovednike.
Izvestija Akad. Nauk Azerbajdžansk. SSR, Ser. Biol. Nauk, No. 5-6, 77-81.

Asadov, S. M., Sadychov, I. A., 1961.
Moniezia expansa u dagestanskogo tura i serny v Azerbajdžane.
Izvestija Akad. Nauk Azerbajdžansk. SSR, Ser. Biol. Med. Nauk, No. 7, 47-49.

Balbo, T., 1973.
Indagini sulla situazione parassitologia nei mammiferi del Parco Nazionale del Gran Paradiso.
Parassitologia 15, 301-312.

Balbo, T., Costantini, R., Lanfranchi, P., Gallo, M. G., 1978.
Raffronto comparativo della diffusione dei nematodi gastro-intestinali nei ruminanti domestici (*Ovis aries* e *Capra hircus*) e nei ruminanti selvatici (*Capra ibex* e *Rupicapra rupicapra*) delle Alpi occidentali.
Parassitologia 20, 131-137.

Balbo, T., Costantini, R., Peracino, V., 1973.
Indagine sulla diffusione dei nematodi gastro-intestinali nello stambecco (*Capra ibex*) e nel camoscio (*Rupicapra rupicapra*) del Parco Nazionale del Gran Paradiso.
Parassitologia 15, 273-280.

Balbo, T., Lanfranchi, P., Rossi, L., 1985.
Parasitological and pathological observations on the chamois in the Western Alps.
In: Lovari, S. (Ed.), The Biology and Management of Mountain Ungulates.
Croom Helm Ltd., Beckenham, UK, 259-264.

Bamberg, F.-B., 1979.
Beitrag zur Untersuchung der eingesetzten Gamsbestände (*Rupicapra rupicapra*) im Schwarzwald und in den Vogesen.
Dipl.-Arbeit, Biol. Inst. 1, Univ. Freiburg.

Barth, D., 1972.
Sammelreferat: Vorkommen, Diagnose und Therapie des Magen-Darm-Nematodenbefalls bei Reh- und Rotwild.
Dtsch. Tierärztl. Wschr. 79, 508-514.

Barth, D., Visser, M., 1991.
Magen-Darmnematoden des Rindes.
F. Enke Verl., Stuttgart.

Barthe, C., 1962.
Rupicapra pyrenaica. Recherches éxperimentales de biologie, de pathologie et d'histologie.
Imp. Indust. Grafica Valverde, S.A., San Sebastian, 24-25.

Barutzki, D., Hasslinger, M.-A., Schmid, K., Wiesner, H., 1985.
Situationsanalyse zum Endoparasitenbefall bei Zootieren.
Tierärztl. Umsch. 40, 953-961.

Bauer, C., 1989.
Infektionen mit *N. battus* (Crofton und Thomas, 1951) und Weide-Eimeriose bei Schaflämmern.
Dtsch. Tierärztl. Wschr. 96, 382-384.

Bauer, J. J., 1986a.
Die Hege der Schwarzwaldgemse.
Der Jäger in Baden-Württemberg 31 (6), 10-13; (7), 9-10.

Bauer, J. J., 1986b.
Die Schwarzwaldgemse, Populationsökologie, Verhalten, Management.
Ergebnisse des Forschungsprojekts Schwarzwaldgemse, Zool. Inst., Albert-Ludwigs-Univ., Freiburg.

Bethlenfalvy, E., 1937.
Die Tierwelt der Hohen Tatra. Tierbiologische Studien aus der freien Wildbahn.
E. Schustek, Zips (Kirchdrauf).

Bidovec, A., 1985.
Preučevanje endohelmitov iz prebavil divjih prežvekovalcev v Sloveniji.
Zb. Biotehn. Fak. Univ. E. Kardelja, Vet. 22, 175-185.

Bidovec, A., 1989.
Endohelminthische Fauna und ihr Einfluß auf das Körpergewicht beim Gamswild (*Rupicapra rupicapra* L.) in Slowenien.
In: Lynn, S. (Hrsg.), Gamswildsymposium-Symposium Chamois (CIC), 25.-26. 10. 1988, Ljubljana, Slowenien, GWI Druck München, Tag.ber., 271-282.

Bidovec, A., Tomašič, 1995.
Parazitoze divljih preživača u Sloveniji.
Vet. Stanica 26, 259-264.

Biocca, E., Balbo, T., Costantini, R., 1974.
Nematodirus davtiani alpinus subsp., gastrointestinal nematode from Steinbock, *Capra ibex*, and chamois, *Rupicapra rupicapra*, of the Parco Nazionale del Gran Paradiso, Italian Western Alps.
Parassitologia 16, 57-60.

Biocca, E., Balbo, T., Costantini, R., 1982.
Su due nuove specie del genere *Nematodirus* parassiti di stambecchi e camosci: *Nematodirus ibicis* sp. n. e *Nematodirus rupicaprae* sp. n.
Parassitologia 24, 129-138.

Biocca, E., Balbo, T., Costantini, R., Lanfranchi, P., 1981.
Ricerche sulle specie del genere *Nematodirus* nei ruminanti domestici e selvatici italiani.
Parassitologia 26, 126-129.

Blahout, M., 1976.
Kamzíčia zver.
Príroda. Vydyvatel'stvo kníh a časopisov, N. P. V. Bratislave.

Boch, J., 1956.
Lungen- und Magenwurmbefall des Wildes.
Wild u. Hund 59, 220-222.

Boch, J., 1957.
Bekämpfung des Magendarmwurmbefalles des Wildes.
Mh. Tierheilk. 9, 230-235.

Böhm, L. K., Gebauer, O., 1930.
Ein neuer Wiederkäuer-Oxyuride (Nematodes), *Skrjabinema rupicaprae* aus der Gemse.
Zschr. Parasitenk. 2, 589-594.

Bornand, M., 1937a.
Sur quelques affections parasitaires des animaux sauvages du District franc des Diablerets.
Bull. Soc. Vaud. Sci. Nat. 59 (239), 27-32.

Bornand, M., 1937b.
Sur quelques affections parasitaires du gibier observées en 1936.
Bull. Soc. Vaud. Sci. Nat. 59 (244), 509-514.

Bornand, M., 1939.
Observations sur quelques maladies parasitaires du gibier en 1937 et en 1938.
Schweiz. Arch. Tierheilk. 81, 65-70.

Bornand, M., 1942.
Observations sur quelques maladies parasitaires, observées en 1940 et en 1941: a) du gibier b) des poissons.
Schweiz. Arch. Tierheilk. 84, 229-233.

Bouvier, G., 1946.
Observations sur les maladies du gibier, de quelques animaux sauvages et des poissons (1942-1945).
Schweiz. Arch. Tierheilk. 88, 268-274.

Bouvier, G., 1947.
Observations sur les maladies du gibier en 1946.
Schweiz. Arch. Tierheilk. 89, 240-254.

Bouvier, G., 1963.
Observations sur les maladies du gibier et des animaux sauvages faites en 1961 et en 1962.
Schweiz. Arch. Tierheilk. 105, 337-345.

Bouvier, G., 1965.
Observations sur les maladies du gibier et des animaux sauvages faites en 1963 et en 1964.
Schweiz. Arch. Tierheilk. 107, 634-647.

Bouvier, G., 1967.
Observations sur les maladies du gibier, des oiseaux et des poissons faites en 1965 et en 1966.
Schweiz. Arch. Tierheilk. 109, 404-409.

Bouvier, G., 1969.
Observations sur les maladies du gibier et des animaux sauvages faites en 1967 et en 1968.
Schweiz. Arch. Tierheilk. 111, 688-694.

Bouvier, G., Burgisser, H., Schneider, P. A., 1952.
Observations sur les maladies du gibier, des oiseaux et des poissons faites en 1951.
Schweiz. Arch. Tierheilk. 94, 475-479.

Bouvier, G., Burgisser, H., Schneider, P. A., 1953.
Observations sur les maladies du gibier, des oiseaux et des poissons faites en 1952.
Schweiz. Arch. Tierheilk. 95, 626-630.

Bouvier, G., Burgisser, H., Schneider, P. A., 1955.
Observations sur les maladies du gibier, des oiseaux et des poissons faites en 1953 et en 1954.
Schweiz. Arch. Tierheilk. 97, 318-325.

Bouvier, G., Burgisser, H., Schneider, P. A., 1957.
Observations sur les maladies du gibier, des oiseaux et des poissons faites en 1955 et en 1956.
Schweiz. Arch. Tierheilk. 99, 461-477.

Bouvier, G., Burgisser, H., Schneider, P. A., 1959.
Observations sur les maladies du gibier, des oiseaux et des poissons faites en 1957 et en 1958.
Schweiz. Arch. Tierheilk. 101, 340-349.

Bouvier, G., Burgisser, H., Schneider, P. A., 1962.
Observations sur les maladies du gibier et des animaux sauvages faites en 1959 et en 1960.
Schweiz. Arch. Tierheilk. 104, 440-450.

Bouvier, G., Burgisser, H., Schweizer, R., 1951.
Observations sur des maladies du gibier et des poissons en 1949-1950.
Schweiz. Arch. Tierheilk. 93, 275-281.

Bouvier, G., Hörning, B., 1963.
Parasitologische Untersuchungen am Steinwild der Schweiz, unter besonderer Berücksichtigung der Kolonien am Mont Pleureur und am Piz Albris.
Rev. Suisse Zool. 70, 611-676.

Briedermann, L., Štill, V., 1987.
Die Gemse des Elbsandsteingebirges.
Neue Brehm-Bücherei 493, A. Ziemsen Verl., Wittenberg Lutherstadt.

Broglia, A., Citterio, C. V., Sala, M. u. Lanfranchi, P., 2000.
The chamois in Italian Alps: experiences of health monitoring in two study areas.
In: Janiga, M., Švajda, J. (Eds.), Ochrana kamzíka. TANAP, NAPANT, IHAB, Tatranská Javorina, 23-30.

Brugger, A., 1996.
Vergleichende Untersuchungen zur Magen-Darm-Nematodenfauna der Wild- und Hauswiederkäuer in Osttirol.
Vet.med. Diss., Wien.

Burgisser, H., 1973.
Observations sur les maladies du gibier, des oiseaux et des poissons faites de 1969 à 1972.
Schweiz. Arch. Tierheilk. 115, 475-479.

Burgisser, H., 1975.
Compte-rendu sur les maladies des animaux sauvages (1973-1974).
Schweiz. Arch. Tierheilk. 117, 397-400.

Burgisser, H., 1983.
Compte-rendu sur les maladies des animaux sauvages de 1975 à 1982.
Schweiz. Arch. Tierheilk. 125, 519-527.

Burgisser, H., Fankhauser, R., Klingler, K., Schneider, P. A., 1959.
Beiträge zur Neuropathologie der Wildtiere.
Schweiz. Arch. Tierheilk. 101, 112-134.

Buršík, O., Kučera, J., 1996.
Úspěšné odčervení kamzíka horského v Lužických horách.
Sb. Ref. „Problematika Chovu a Chorob Zvěře“, 18.-19. 04. 1996, Česká Kamenice, Czech Republic, 15-21.

Bush, O. A., Lafferty, K. D., Lotz, J. M., Shostak, A. W., 1997.
Parasitology meets ecology on its own terms; Margolis et al. revisited.
J. Parasitol. 83, 575-583.

Bussi, P., 1982.
Contrôle sanitaire des populations d'isards et de mouflons dans la réserve approuveé du Carlit (Pyrénées Orientales).
Rapport d'activité 1981-1982. ENV Toulouse, Service technique Off. Nat. Chasse, Montpellier.

Cancrini, G., Iori, A., Rossi, L., Fico, R., 1985.
Occurrence of pulmonary and gastrointestinal nematodes in the Abruzzo chamois.
In: Lovari, S. (Ed.), The Biology and Management of Mountain Ungulates.
Croom Helm Ltd., Beckenham, UK, 256-257.

Carrara, O., 1959.
Reperti di patologia spontanea nel camoscio (*Rupicapra rupicapra* L.).
Atti Soc. Ital. Sci. Vet. 13, 460-464.

Chiriac, E., Iacob, T., 1967.
Cu privire la paraziții caprei negre (*Rupicapra r. rupicapra*) din masivul Retezat.
Natura, Ser. Biol. (Bucureşti) 5, 70-71.

Christie, A. C. H., Andrews, J. R. H., 1965.
Introduced ungulates in New Zealand. (c) Chamois.
Tuatara 13, 105-111.

Chroust, K., 1987.
Rozšíření kokcidióz a helmintóz u přežvýkavé spárkaté zvěře v ČSR.
Fol. Venatoria, No. 17, 91-104.

Chroust, K.,1989.
Parasitosen des Gamswildes in der Tschechoslowakei.
In: Lynn, S. (Hrsg.), Gamswildsymposium-Symposium Chamois (CIC), 25.-26. 10. 1988, Ljubljana, Slowenien, Tag.ber., GWI Druck München, 259-270

Chroust, K., 1991.
Parazitofauna kamzíka obecného v oblasti Jeseníků.
Fol. Venatoria, No. 21, 77-88.

Chroust, K., 1993.
Nemoci kamzičí zvěře u nás a ve světě.
In: 80 let chovu kamzíka horského v Jeseníkách, 1. a 2. září 1993, Jeseník, Ministerstvo zemědělství České republiky, Tag.ber., 48-53.

Ciberej, J., Letková, V., Kačúr, M., 1997.
Helmintofauna kamzíka vrchovského alpského (*Rupicapra r. rupicapra* L.) na území NP Slovenský raj.
Slov. Vet. Čas. 6, 301-302.

Citterio, C. V., Caslini, C., Milani, F., Sala, M., Ferrari, N., Lanfranchi, P., 2006.
Abomasal nematode community in an alpine chamois (*Rupicapra r. rupicapra*) population before and after die-off.
J. Parasitol. 92, 918-927.

Citterio, C. V., Lanfranchi, P., 2006.
Dynamics of parasite communities and interactions between wild and domestic ruminants.
Parassitologia 48, 33-35.

Clark, W. C., Clarke, C. M. H., 1981.
Parasites of chamois in New Zealand.
New Zealand Vet. J. 29, 144.

Colombo, S., 1953.
Ricerche parassitologiche sulla fauna del Parco Nazionale del Gran Paradiso.
Atti Soc. Ital. Sci. Vet. 7, 597-599.

Colombo, S., 1958.
Ricerche parassitologiche sugli stambecchi (*Capra ibex ibex* L.) e camosci (*Rupicapra rupicapra* L.) del Parco Nazional del Gran Paradiso.
La Clin. Vet. 81, 193-201.

Corti, R., Gibert, Ph., Gindre, R., Landry, Ph., Sarrazin, C., 1985.
Données sur la biométrie et l'état sanitaire du chamois (*Rupicapra rupicapra*) dans le nord-est du massif des Ecrins (Hautes Alpes).
Bull. Mens. Off. Nat. Chasse, No. 93, 43-48; No. 94, 21-24; No. 95, 27-37.

Coţofan, O., Iacob. O., Pop, I., Raileanu, G., 2006.
Agresiune parazitară multiplă asupra ţesutului hepatic la capra neagră (*Rupicapra rupicapra*).
Univ. de Ştiinţe Agri. Med. Vet., 354-359

Couturier, M. A. J., 1938.
Le chamois.
B. Arthaud, Grenoble.

Damaggio, M. L., Rizzoli, A., Rosà, R., Pugliese, A., Iannelli, M., Merler, S., Zaffaroni, E., Genchi, C., 1996.
Modello per la descrizione dell'interazione ospite-macroparassita in popolazioni di ungulati selvatici sottoposte a gestione diretta.
Ric. Biol. Selvaggina 24, Suppl., 27-52.

Delić, S., Badnjević, B., 1957.
Jedan slučaj nalaza *Multiceps multiceps* Goeze (Coenurus cerebralis Rudolphi) kod divokoze (*Rupicapra rupicapra* L.).
Veterinaria (Sarajevo) 6, 434-436.

Delić, S., Čanković, M., 1961.
Prilog poznavanju parazitofaune divokoze (*Rupicapra rupicapra* L.) sa područja planine Treskavice.
Veterinaria (Sarajevo) 10, 483-485.

Demolin, D., 1984.
Identification des endoparasites du chamois (*Rupicapra rupicapra*) en France.
Thèse Méd. Vét., Lyon.

Díez-Baños, P., Díez-Baños, N., Acevedo, A. A., 1984.
Contribucion al conocimiento de los nematodos gastrointestinales del rebeco (*Rupicapra rupicapra*) de la Cordillera Cantábrica.
IV Reunión An. Asoc. Parasitol. Españ., 26-28 septiembre 1984, Madrid, Abstr., 60.

Díez-Baños, P., Díez-Baños, N., Antón Acevedo, A., Morrondo Pelayo, M. P., 1987.
Principales problemas parasitarios del rebeco en la Cordillera Cantábrica.
Actas de las Jornadas de Estudio sobre la Montaña, 01-04 noviembre 1984, León, 337-350.

Dollinger, P., 1974.
Beitrag zur Kenntnis des Endoparasitenspektrums des Gemswildes in der Schweiz.
Zschr. Jagdwiss. 20, 115-118.

Donat, F., Ducos de Lahitte, J., 1989a.
Contribution à l'étude des helminthes de l'isard (*Rupicapra pyrenaica pyrenaica*); suivi épidémiologique de deux populations du massif Roc Blanc-Carlit.
Gibier Faune Sauv. 6, 383-402.

Donat, F., Ducos de Lahitte, J., 1989b.
Description du parasitisme de deux populations d'isards dans le massif Roc Blanc-Carlit.
Rev. Méd. Vét. 140, 765-775.

Douvres, F. W., 1957.
Keys to the identification and differentiation of the immature parasitic stages of gastrointestinal nematodes of cattle.
Am. J. Vet. Res. 18, 81-85.

Dróżdż, J., 1965.
Studies on helminths and helminthiasis in Cervidae. 1. Revision of the subfamily Ostertagiinae Sarwar, 1956 and an attempt to explain phylogenesis of its representatives.
Acta Parasitol. Pol. 13, 445-481.

Dróżdż, J., 1995.
Polymorphism in the Ostertagiinae Lopez-Neyra, 1947 and comments on the systematics of these nematodes.
Syst. Parasitol. 32, 91-99.

Durand, T., 1997.
Eco-epidemiologie parasitaire chez les ongulés de montagne: exemple du chamois (*Rupicapra rupicapra* Linné, 1758).
Thèse, Univ. de Savoie, Le Bourget du Lac.

Durand, T., 2000.
Ecological significance of a species-area relationship in helminth communities of the alpine chamois (*Rupicapra rupicapra* Linné, 1758).
Rev. Écol. (Terre Vie) 55, 321-335.

Durand, T., Gauthier, D., 1996.
Le Chamois (*Rupicapra rupicapra*) et sa parasitofaune: relation hôte-parasite-environnement et gestion sanitaire des populations sauvages.
Vie Milieu 46, 333-343.

Düwel, D., 1985.
Das Vorkommen von Helminthen bei gegattertem Damwild (*Dama dama* L.).
Verh.ber. Erkrank. Zootiere 27, 191-198.

Eckert, J., 1992.
Helminthologische Methoden. Untersuchungen am lebenden Tier.
In: Eckert, J., Kutzer, E., Rommel, M., Bürger, H.-J., Körting, W. (Hrsg.): Veterinärmedizinische Parasitologie. 4. Aufl. Verl., Parey, Berlin, Hamburg, 54-61.

Eipeldauer, W., 1999.
Untersuchungen über die Wechselbeziehungen von Magen-Darmnematoden zwischen Haus- und Wildwiederkäuern.
Vet.med. Diss., Wien.

Ericsson, G., Barrick, R. A., Daurio, C. P., Langholff, W. K., 1997.
Use of geometric means in parasite data.
42nd Meet. Am. Assoc. Vet. Parasitol., Reno, Nevada/USA, Proc., Abstr. No. 99, 76.

Euzéby, J., Hugonnet, L., 1980.
Le parasitisme chez les chamois et mouflons de la Réserve naturelle des Bauges et le parasitisme chez les chamois de Vanoise.
Rapport, E.N.V. Lyon.

Eysker, M., 1980.
Inhibited development of gastro-intestinal nematodes of sheep.
Proefschr., Fac. Diergeneesk., Rijksuniv. Utrecht.

Feldbacher, P., 1979.
Zusammenhänge zwischen einigen Stoffwechselparametern, Endoparasitenbefall und Räude der Gemse.
Vet.med. Diss., Wien.

Frauenfeld, G. Ritter v., 1868.
Über die Drehkrankheit bei Gemsen.
Verh. ksl.-kgl. zool.-botan. Ges. Wien 18, 301-302.

Fulford, A. J. C., 1994.
Dispersion and bias: can we trust geometric means?
Parasitol. Today 10, 446-448.

Gagarin, V. G., 1972.
Analiz vidogovo sostava trihocephalov žvačnyh, zaregistrirovannyh v Sovetskom Sojuze.
Trudy Vses. Inst. Gel'mintol. im. K. I. Skrjabina 19, 39-75.

Galli-Valerio, B., 1927.
Notes de parasitologie et de technique parasitologique.
Centralbl. Bakt., I. Abt., Orig. 103, 177-182.

Galli-Valerio, B., 1929.
Notes de parasitologie.
Zentralbl. Bakt., I. Abt., Orig. 112, 54-59.

Galli-Valerio, B., 1930a.
Notes de parasitologie.
Zentralbl. Bakt., I. Abt., Orig. 115, 212-219.

Galli-Valerio, B., 1930b.
Observations et recherches sur les parasites et les maladies parasitaires des animaux sauvages.
Bull. Murith. Soc. Valais. Sci. Nat. 47, 50-89.

Galli-Valerio, B., 1931.
Notes de parasitologie.
Zentralbl. Bakt., I. Abt., Orig. 120, 98-106.

Galli-Valerio, B., 1932.
Notes de parasitologie et de technique parasitologique.
Zentralbl. Bakt., I. Abt., Orig. 125, 129-142.

Galli-Valerio, B., 1933.
Notes de parasitologie et de technique parasitologique.
Zentralbl. Bakt., I. Abt., Orig. 129, 422-433.

Galli-Valerio, B., 1935.
Parasitologische Untersuchungen und parasitologische Technik.
Zentralbl. Bakt., I. Abt. Orig. 135, 318-327.

Gebauer, O., 1932.
Zur Kenntnis der Parasitenfauna der Gemse.
Zschr. Parasitenk. 4, 147-219.

Geisel, O., Rehbein, S., Hermanns, W., 2006.
Mesenchymale Geschwulst bei einer Gamsgeiß. Ein Fallbericht.
Berl. Münch. Tierärztl. Wschr. 119, 360-362.

Geist, V., 1985.
On evolutionary patterns in the Caprinae with comments on the punctuated mode of evolution, gradualism and a general model of mammalian evolution.
In: Lovari, S. (Ed.), The Biology and Management of Mountain Ungulates.
Croom Helm Ltd., Beckenham, UK, 15-29.

Genchi, C., Bossi, A., Manfredi, M. T., 1985.
Gastrointestinal nematode infections in wild ruminants *Rupicapra rupicapra* and *Dama dama*: influence of density and cohabitation with domestic ruminants.
Parassitologia 27, 211-223.

Genchi, M., Manfredi, M. T., Bossi, A., 1984.
Les infestations naturelles par les strongles digestifs sur les pâturages de haute montagne: interaction entre la chèvre et le chamois.
In: Yvore, P., Perrin, G. (Eds.), Les maladies de la chèvre, Niort (France), 9.-11.10.1984, INRA Publ. 28, 501-505.

Genchi, C., Manfredi, M. T., Lanfranchi, P., Di Sacco, B., Frigo, W., 1989.
Correlazione tra elmintofauna e parametri epidemiologici degli ungulati sevatici del Parco Nazionale dello Stelvio.
Quaderni del Parco Nazionale dello Stelvio, n. 7, ed. Gestione ex ASDF, Bormio, 27-50.

Genchi, C., Manfredi, M. T., Madonna, M., 1987.
Morphological variations in nematode parasites after a radioactive fallout: preliminary results.
Parassitologia 29, 75-78.

Genchi, C., Manfredi, M. T., Roncaglia, R., Sioli, C., Traldi, G., 1982.
Contributio alla conoscenza degli elminti gastrointestinali die ruminanti selvatici: osservazioni sul camoscio (*Rupicapra rupicapra* L.) nella Riserva della Val Belviso.
Parassitologia 24, 197-203.

Genchi, C., Manfredi, M. T., Tosi, G., Frigo, W., 1983.
Composizione della popolazione dei nematodi gastro-intestinali della camoscio (*Rupicapra rupicapra* L.) in relazione alle variazioni di ambiente in alcune zone dell'arco alpino centrale.
Parassitologia 25, 189-191.

Genchi, C., Rizzoli, A., Manfredi, M. T., 1992.
Definizione della popolazione elmintica degli ungulati selvatici del Parco Naturale Adamello-Brenta.
Sci. Nat. 67, 135-144.

Gibert, P., 1985.
La pathologie des grands ongulés sauvages des Alpes françaises (*Rupicapra rupicapra, Ovis musimon, Capra ibex*). Résultats de deux années d'enquête 1983-1984.
Bull. Inf. Path. Anim. Sauv. 2, 57-66.

Gindre, R., 1977.
Premiers resultats d'examens de tableaux de chasse de chamois dans la zone peripherique du parc national des Ecrins, secteur Pelvoux-Combeynot (France).
In: Valentinčič, S. (Hrsg.), 2. Int. Gamswild-Treffen, Bled, Slovenia, 21.-23. 10. 1976, Tag.ber., 112-126.

Gonzalo-Iglesia, J., 1993.
Estudio de la helminto-fauna parasita del sarrio (*Rupicapra pyrenaica pyrenaica*) en el Parque Nacional de Ordesa y Monte Perdido.
Tes. Lic. Vet., Univ. Zaragoza.

Gonzalo, J., Garin, I., Herrero, J., 1999.
Observations on the output of parasite eggs and larvae by Pyrenean chamois (*Rupicapra p. pyrenaica*, Bonaparte, 1845).
Zschr. Jagdwiss. 45, 212-216.

Graber, M., Gevrey, J., 1976.
A propos de la Cénurose cérébrale du chamois, *Rupicapra rupicapra* Linne. Confusion possible avec la rage.
Bull. Soc. Sci. Vét. Méd. Comp. 78, 209-214.

Guarda, F., Peracino, V., 1987.
Problemi di patologia nei camoscio e stambecchi delle Alpi.
Schweiz. Arch. Tierheilk. 129, 327-331.

Guarda, F., Guarda, F., Cornaglia, E., 1980.
Contributo allo studio della patologia cardiaca dei camosci e stambecchi.
Ann. Fac. Med. Vet. Torino 27, 253-274.

Gusci, M., Rossi, L., Cresci, M. E., 1991.
Incidences réciproques des infections helminthiques sur les mouflons, chamois, ovins de l'Arc Alpin Piemontais.
Bull. Inf. Path. Anim. Sauv. 7, 113-116.

Hars, J., 1992.
Etat des connaissances sur la coccidiose des ongules du Parc de la Vanoise.
Bull. Inf. Path. Anim. Sauv. 8, 85-92.

Hasslinger, M.- A., 1964.
Zum Parasitenbefall des Wildes.
Dtsch. Jäger 82, 264-265.

Haupt, W., Eulenberger, K. H., 1988.
Untersuchungen zum Befall des Damwildes mit Helminthen und Sarkosporidien.
Beitr. Jagd- u. Wildforsch. 19, 75-81.

Haupt, W., Ribbeck, R., 1995.
Möglichkeiten und Grenzen der Diagnostik des Endoparasitenbefalls bei Wildwiederkäuern in der Gehegehaltung.
Beitr. Jagd- u. Wildforsch. 20, 123-134.

Hinaidy, H. K., Gutierres, V. C., Supperer, R., 1972.
Die Gastrointestinal-Helminthen des Rindes in Österreich.
Zentralbl. Vet.med. B 19, 679-695.

Hinaidy, H. K., Prosl, H., Supperer, R., 1979.
Ein weiterer Beitrag zur Gastrointestinal-Helminthenfauna des Rindes in Österreich.
Wien. Tierärztl. Mschr. 66, 77-82.

Hoby, S., Schwarzenberger, F., Doherr, M. G., Robert, N., Walzer, C., 2006a.
Steroid hormone related male biased parasitism in chamois, *Rupicapra rupicapra rupicapra*.
Vet. Parasitol. 138, 337-348.

Hoby, S., Walzer, C., Slotta-Bachmeier, L., Segner, H., Robert, N., 2006b.
Untersuchungen zur Pathologie von Wildungulaten im Nationalpark Hohe Tauern, Österreich.
Wien. Tierärztl. Mschr. 93, 104-112.

Hofmann, A., 1978.
Unterschiedliche Entwicklungsleistungen von Appenzeller und Schwyzer Gemsen (*Rupicapra rupicapra* L.) und ihre möglichen Ursachen.
Phil. Diss., Zürich.

Hohenwarter, o. Vn., 1926.
Eine seltsame Krankheitserscheinung bei einem Gemsbock.
Mitt. Jagdschutzv. Niederösterr. 48, 10.

Hösli, J., 1975.
Zur geographischen Verbreitung und Epizootologie der Haemonchose des Schafes in der Schweiz.
Vet.med. Diss, Univ. Zürich.

Hugonnet, L., 1983.
Préétude sur les interrelations parasiteires chez les petits ruminants sauvages et domestiques du Parc National du Mercantour.
Rapport, E.N.V. Lyon.

Hugonnet, L., Euzéby, J., 1980.
Le parasitisme chez les jeunes chamois de la réserve naturelle des Bauges.
Bull. Acad. Vét. France 53, 77-85.

Hugonnet, L., Euzéby, J., 1981.
Le parasitisme chez les ongulés sauvages du Sud-Est de la France.
Rapport années 1980-1981, E.N.V. Lyon.

Hugonnet, L., Euzéby, J., 1982.
Le parasitisme chez les ongulés sauvages du Sud-Est de la France, et incidence des coccidioses dans la mortalité du liévre d'élevage après le lâcher.
Rapport années 1981-1982, E.N.V. Lyon.

Hugonnet, L., Euzéby, J., Hars, J., Gibert, P., Chauve, C., 1983.
Cinétique de l'infestation parasitaire des jeunes chamois dans la Réserve nationale des Bauges.
Bull. Mens. Off. Nat. Chasse, No. 67, 35-43.

Hugonnet, L., Montagut, G., Euzéby, J., 1981.
Incidences réciproques des infestations helminthiques des ruminants sauvages et des ovins domestiques en alpage en Vanoise.
Bull. Soc. Sci. Vét. Méd. Comp. 83, 193-199.

Jelínek, V., Kučera, J., 1996.
Problematika chovu a zdravotního stavu kamzičí zvěře v Lužických horách.
Sb. Ref. „Problematika Chovu a Chorob Zvěře", 18.-19. 04. 1996, Česká Kamenice, Czech Republic, 1-14.

Kaufmann, J., Pfister, K., 1986.
Magen-Darm-Strongylidenbefall von jungen Kühen und dessen Auswirkungen auf ausgewählte blutchemische Parameter.
Dtsch. Tierärztl. Wschr. 93, 397-399.

Kerschagl, W., 1929.
Jahresbericht über die Untersuchungen kranken Wildes im Jahre 1928.
Mitt. Jagdschutzv. Niederösterr. 51, 66.

Kerschagl, W., 1930.
Jahresbericht über die Untersuchungen kranken Wildes im Jahre 1929.
Mitt. Jagdschutzv. Niederösterr. 52, 25-26.

Kerschagl, W., 1931.
Jahresbericht über die Untersuchungen kranken Wildes im Jahre 1930.
Mitt. Jagdschutzv. Niederösterr. 53, 33-34.

Kerschagl, W., 1932.
Jahresbericht über die Untersuchungen kranken Wildes im Jahre 1931.
Beilage zu „Mitt. Jagdschutzv. Niederösterr.“ 54, Nr. 2, 3 S.

Kerschagl, W., 1933.
Jahresbericht über die Untersuchungen kranken Wildes im Jahre 1932.
Beilage zu „Österreichs Jagdschutz“ 55, Nr. 2, 3 S.

Kerschagl, W., 1934.
Jahresbericht über die Untersuchungen kranken Wildes im Jahre 1933.
Beilage zu „Österreichs Jagdschutz“ 56, Nr. 2, 3 S.; (auch St. Hubertus 20, 51-53).

Kerschagl, W., 1935.
Jahresbericht über die Untersuchungen kranken Wildes im Jahre 1934.
Beilage zu „Österreichs Jagdschutz“ 57, Nr. 4, 3 S.; (auch: St. Hubertus 21, 98-100).

Kerschagl, W., 1936.
Jahresbericht über die Untersuchungen kranken Wildes im Jahre 1936.
Beilage zu „Österreichs Jagdschutz“ 58, Nr. 4, 4 S.; (auch: St. Hubertus 22, 102-103, 118-119).

Kerschagl, W., 1937.
9. Jahresbericht über die Untersuchungen kranken Wildes im Jahre 1936.
Beilage zu „Österreichs Jagdschutz“ 59, Nr. 3, 4 S.

Kerschagl, W., 1938.
10. Jahresbericht über die Untersuchungen kranken Wildes im Jahre 1937.
St. Hubertus 24, 64-66, 83-84.

Kerschagl, W., 1939.
11. Jahresbericht über die Untersuchungen kranken Wildes im Jahre 1938.
Dtsch. Waidwerk 25, Folge 45, 723.

Kerschagl, W., 1940.
12. Jahresbericht über die Untersuchungen kranken Wildes im Jahre 1939.
Dtsch. Waidwerk 26, Folge 44/45, 550.

Kerschagl, W., 1941.
13. Jahresbericht über die Untersuchungen kranken Wildes im Jahre 1940.
Dtsch. Waidwerk 27, Folge 43/44, 340.

Kerschagl, W., 1942.
14. Jahresbericht über die Untersuchungen kranken Wildes im Jahre 1941.
Dtsch. Waidwerk 28, Folge 49/50, 351.

Kerschagl, W., 1943.
15. Jahresbericht über die Untersuchungen kranken Wildes im Jahre 1942.
Dtsch. Waidwerk 29, Folge 47/48, 186.

Knaus, W., Schröder, W., 1983.
Das Gamswild.
3. Aufl., Verl. Parey, Hamburg und Berlin.

Kotrlá, B., Kotrlý, A., 1972.
Helmintofauna spárkaté zvěře v ČSR.
Fol. Venatoria, No. 2, 141-159.

Kotrlý, A., 1962.
Cizopasníci kamzíků jeseniké oblasti.
Lesnictví 8, 941-956.

Kotrlý, A., 1964.
Ekologie cizopasniku sparkaté zvěře Cervidae a Bovidae v ČSSR.
Práce Výzkumný Ústav Lesního Hospodářství a Myslivosti 29, 7-47.

Kotrlý, A., 1967a.
La faune des helminthes chez les ruminants sauvages de la famille des cervidés et des bovidés en Tchécoslovaquie.
VIIe Congr., Un. Int. Biol. Gibier, Sept. 1965, Beograd, Lubljana, Rapp., 443-447.

Kotrlý, A., 1967b.
Gel'minty parnokopytnyh životnyh semejstva Cervidae i Bovidae i ih spetsifičnost'.
Helminthologia 8, 247-251.

Kotrlý, A., 1967c.
Vztah cizopasníků spárkaté zvěře a domácích zvířat.
Vet. Med. (Praha) 12, 745-752.

Kotrlý, A., Kotrlá, B., 1970.
Prisposoblenie gel'mintofauny sern k novym biotopam.
Trudy 9 Meždunarodn. Kongr. Biologov-Ohotovedov, 1969, Moskva, 601-604.

Kotrlý, A., Kotrlá-Erhardová, B., 1970.
Helmintofauna kamzíka horského (*Rupicapra rupicapra*) z Jeseníků a Lužických hor v ČSR.
Práce Výzkumný Ústav Lesního Hospodářství a Myslivosti 39, 59-77.

Kotrlý, A., Kotrlá-Erhardová, B., 1973.
Helminthoses of wild ungulates in connection with helminthoses of domestic animals.
Comm. Inst. Forestalis Čechoslov. 8, 13-28.

Kotrlý, A., Kotrlá, B., 1977.
Helminths of wild ruminants introduced into Czechoslovakia.
Fol. Parasitol. 24, 35-40.

Kotrlý, A., Kotrlá, B., 1980.
Der Einfluß der Lebensbedingungen des Schalenwildes auf das Parasitenvorkommen.
Angew. Parasitol. 21, 70-78.

Kramer, L., Piaia, A., Passeri, B., Permunian, R., 1998.
L'infestazione da tricostrongili abomasali nel camoscio (*Rupicapra rupicapra* L.): aspetti epidemiologici ed immunopatologici.
Ann. Fac. Med. Vet. Parma 18, 293-300.

Kreis, H. A., 1952.
Helminthologische Untersuchungen in schweizerischen Tierpärken und bei Haustieren.
Schweiz. Arch. Tierheilk. 94, 499-522, 556-599.

Kreis, H. A., 1962.
Neue helminthologische Untersuchungen in schweizerischen Tierpärken, bei Haustieren und bei Tieren des Schweizerischen Nationalparks.
Schweiz. Arch. Tierheilk. 104, 94-115, 169-194.

Krembs, J., 1939.
Fallwilduntersuchungen 1935 bis 1938.
Tierärztl. Rundsch. 45, 763-766, 773-776.

Krieger, W., 1960.
Die Endoparasiten beim Rotwild unter besonderer Berücksichtigung der jahreszeitlichen Schwankungen in der Eiausscheidung und der Ausscheidung der Lungenwurmlarven.
Vet.med. Diss., München.

Krokavec, M., Krokavec, M., 1991.
Helmintofauna kamzíka alpského v Slovenskom raji.
Veterinářství 41, 3-4.

Krupicer, I., Juriš, P., Dubinský, P., Vasilková, Z., Papajová, I., Štefančiková, A., Chovancová, B., 1998.
Prevalencia nematódov tráviaceno systému kamzíka vrchovského (*Rupicapra rupicapra tatrica*) v TANAP-e v roku 1997.
In: Venglovský, J. (Ed.), Hygienické a Ekologické Problémy vo Vzťahu k Veterinárnej Medicíne, ÚEVM, Košice, Slovak Republic, 65-71.

Krupicer, I., Vasilková, Z., Papajová, I., Ciberej, J., Legáth, J., Kovalkovičová, N., Bevilaqua, D., 2004.
Porovnanie výskytu endoparazitov kamzíkov z Národného Parku Nízke Tatry a Národného Parku Slovenský Raj.
Medzinárod. ved. konf. konanej príležitosti 55. výročia založenia UVL v Košiciach, 09.-10. 09. 2004, Košice, Slovenská Respublika, Zb. Ref. Poster, 315-318.

Kučera, J., 1987.
Sledování zdravotního stavu kamzíka v Lužických horách v letech 1970-1986.
In: Jélinek, V. (Ed.), Sb. 80. výročí vysazení kamzíka horského v Lužických horách, 18-21.

Kutzer, E., 1969.
Beziehungen und Übertragungsmöglichkeiten zwischen den Parasiten der Haus- und Wildwiederkäuer.
Anblick 24, 7-12.

Kutzer, E., 1980.
Problematik der Parasiten in Wildbeständen, unter Berücksichtigung der Situation in Österreich.
Angew. Parasitol. 21, 82-90.

Kutzer, E., 1988.
Bedeutung parasitärer Wechselinfektionen bei Haus- und Wildwiederkäuern.
Mh. Vet.med. 43, 577-580.

Kutzer, E., Hinaidy, H. K., 1969.
Die Parasiten der wildlebenden Wiederkäuer Österreichs.
Zschr. Parasitenk. 32, 354-368.

Kutzer, E., Prosl, H., Frey, H., 1974.
Zur anthelmintischen Wirkung von Mebendazole® (R 17635) beim wildlebenden Wiederkäuer.
Dtsch. Tierärztl. Wschr. 81, 116-119.

Lamka, J., Kramerová, J., Tenor, F., Badr V., 2007.
Parasitostatus of chamois population (*Rupicapra rupicapra*) in Lusatian Mountains (Czech Republic).
10th Helminthol. Symp., 9.-14. Sept. 2007, Stará Lesná, High Tatras, Slovakia, Prog. and Abstr., 29.

Lanfranchi, P., Rossi, L., 1988.
Dinamica della contaminazione di pascoli alpini con larve di nematodi gastro-intestinale dei ruminanti.
Parassitologia 30, 101-102.

Lanfranchi, P., Manfredi, M. T., Madonna, M., Tosi, G., Boggio Sola, L., Colombi, G., 1991.
Significato dell'elmintofauna gastrointestinale nell'analisis delle interazioni muflone-camoscio.
Ric. Biol. Selvaggina 19, Suppl., 371-382.

Lancaster, M. B., Hong, C., Michel, J. F., 1983.
Polymorphism in the Trichostrongylidae.
In: Stone, E. R. H., Platt, H. M., Khalil, L. F. (Eds.), Concepts in Nematode Systematics. Academic Press, London and New York, 293-302.

Lavin, S., Marco, I., Pastor, J., 1995.
Cerebral coenurosis in chamois (*Rupicapra pyrenaica*).
J. Vet. Med. B 42, 205-208.

Letková, V., Lazar, P., 2006.
Cysticercosis of game ruminants.
In: Duscher, G. (Hrsg.), Parasiten bei Wildtieren und deren jagdwirtschaftliche Bedeutung. Vet.med. Univ. Wien, 64-70.

Letková, V., Mituch, J., Kočiš, J., Csizsmárová, G., 1989.
Výskut larvocysty Cysticercus tenuicollis v raticovej zveri na Slovensku.
Fol. Venatoria, No. 19, 165-169.

Liénard, E., Depaquit, J., Ferté, H., 2006.
Spiculopteragia mathevossiani Ruchliadev, 1948 is the minor species of *Spiculopteragia spiculoptera* (Gushanskaya, 1931): molecular evidence.
Vet. Res. 37, 683-694.

Linderoth, P., 2005.
Gämse (*Rupicapra rupicapra* Linnaeus, 1758).
In: Braun, M., Dieterlein, F. (Hrsg.), Die Säugetiere Baden-Württembergs, Bd. 2., Verl. E. Ulmer, Stuttgart, 605-622.

Lobsiger, L., 1987.
Magen-Darm-Parasitenbefall bei Huftieren im Tierpark Daehlhölzli Bern: Gezielte Bekämpfung aufgrund der kontinuierlichen Erfassung der Eiausscheidung.
Vet.med. Diss., Bern.

Lucientes-Curdi, J., Castillo-Hernández, J. A., 1990.
Primera cita en España de cenurosis cerebral en el sarrio (*Rupicapra rupicapra pyrenaica*).
Rev. Ibér. Parasitol. 50, 53-54.

Martinez Ferrando, J., 1982.
Parasitos del rebeco del Cantabrico (*R. rupicapra parva*) en el C. N. de Reres (Oviedo).
Bol. Cien. Nat. I.D.E.A. 30, 9-22.

Martella, D., Poglayen, G., Gentile, L., Mari, F., Martini, M., 2003.
Indagine sui coccidi presenti nel camoscio d'Abruzzo.
J. Mt. Ecol. 7, Suppl., 251-256.

Masini, F., 1985.
Würmian and Holocene chamois of Italy.
In: Lovari, S. (Ed.), The Biology and Management of Mountain Ungulates.
Croom Helm Ltd., Beckenham, UK, 31-55.

Michalka, J., 1932.
Beitrag zur Epidemiologie der Wildkrankheiten.
Wien. Tierärztl. Mschr. 20, 609-616.

Miller, C., 1985. The impact of mange on chamois in Bavaria.
In: Lovari, S. (Ed.), The Biology and Management of Mountain Ungulates.
Croom Helm Ltd., Beckenham, UK, 243-249.

Miller, C., 1999.
Ein vitaler Sonderling – Gamswild.
Wild u. Hund Exklusiv, Nr. 14, 62-81.

Mituch, J., 1969.
K helmintofaune raticovej zveri prežúvavej v TANAPe.
Československ. Ochrana Prírody 8, 237-250.

Mituch, J., Hovorka, I., Hovorka, J., Tenkáčová, I., 1989.
Helminty a helmintocenózy vel'kých vol'ne žijúcich cicarov karpatského oblúka. Záverečná správa. Helmintologický ústav SAV, Košice.
Zit. nach: Sattlerová-Štefančíková, A., 2005. Kamzík a jeho parazitárne ochorenia. Press Print, Košice, 92.

Montagut, G., Hars, J., Gibert, P., Prud'homme, C., Hugonnet, L., 1981.
Observation sur la pathologie des ruminants sauvages de montagne (chamois, bouquetins, mouflons) dans le département de la Savoie du 1er julliet 1977 au 30 juin 1980. Bull. Mens. Off. Nat. Chasse, No. 53, 41-52 (auch: Trav. Sci. Parc Nat. Vanoise 11, 202-225).

Moune, T., 1995.
Le parasitisme helminthique de l'isard et son influence- sur la condition physique de l'Isard- sur les herbivores domestiques transhumants.
Thèse Méd. Vét., Nantes.

Nascetti, G., Lovari, S., Lanfranchi, P., Berducuo, C., Mattiucci, S., Rossi, L., Bullini, L., 1985.
Revision of *Rupicapra* genus. III. Electrophoretic studies demonstrating species distinction of chamois populations of the Alps from those of the Apennines and Pyrenees.
In: Lovari, S. (Ed.), The Biology and Management of Mountain Ungulates.
Croom Helm Ltd., Beckenham, UK, 56-62.

Nerl, W., Boch, J., 1956.
Das Vorkommen und die Bekämpfungsmöglichkeit parasitischer Würmer bei Rot- und Gamswild.
Pirsch 8, 620-624.

Nerl, W., 1974.
Der Verlauf der Gamsräude im Berchtesgadener Land.
In: Schröder, W. (Hrsg.), 1. Int. Gamswildtreffen, 17.-18. 10. 1974, Oberammergau, Tag.ber., 177-180.

Nerl, W., Messner, L., Schwab, P., 1995.
Das große Gamsbuch.
Hubertusverl. H. H. Hitschmann, Klosterneuburg.

Nešić, D., Pavlović, I., Valter, D., Mitić, G, Hudina, V., 1992
Helmintofauna divikoza, muflona, jelena i srna u Beogradskom zoološkom vrtu tokom 1990. godine.
Vet. Glasnik 46, 92-101.

Nevejans, Y., 2002.
Contribution a l'etude des causes de mortalité du chamois (Rupicapra rupicapra) dans les Alpes du Nord.
Thèse Méd. Vét., Lyon.

Nocture, M., 1986.
Etude de l'infestation des paturages d'altitude par les „strongles“ des chamois.
Thèse Méd. Vét., Lyon.

Onderscheka, K., Reimoser, F., Tataruch, F., Steineck, T., Klansek, E., Völk, F., Willing, R., Zandl, J., 1990.
Integrale Schalenwildbewirtschaftung im Fürstentum Liechtenstein unter besonderer Berücksichtigung landschaftsökologischer Zusammenhänge.
Schr.r. Nat.k. Forsch. Fürstentum Liechtenstein, Bd. 11.

Peracino, V., Bassano, B., Schröder, C., Bollo, E., 1993.
Pathologische Befunde bei Steinböcken (*Capra ibex*, L.) und Gemsen (*Rupicapra rupicapra*, L.) im Nationalpark von Gran Paradiso (Italien).
Verh.ber. Erkrank. Zootiere 35, 299-305.

Perdrix, J., Sarrazin, C., Reydellet, M., Gindre, R., Bastide, J., 1976.
Observations préliminaires sur l'état sanitaire du chamois et du mouflon dans Haute-Alpes.
Bull. Soc. Sci. Vét. Méd. Comp. 78, 89-92.

Pinget, F., Gibert, P., 1993.
Infestations de chèvres (*Capra hircus*) par l'helminthofaune du chamois (*Rupicapra rupicapra*) dans alpage du massif des Bauges (Préalpes du Nord).
Gibier Faune Sauv. 10, 241-250

Poglayen, G., Martini, M., Roda, R., Peresson, G., 1996.
Some considerations on coprology in wildlife.
Parassitologia 38, 270.

Poulin, R., 1996.
Sexual inequalities in helminth infections: a cost of being male?
Am. Nat. 147, 287-295.

Prosl, H., 1973.
Beiträge zur Parasitenfauna der wildlebenden Wiederkäuer Österreichs.
Vet.med. Diss., Wien.

Prosl, H., 1978.
Die Parasitenfauna der Gemsen Österreichs.
In: Onderscheka, K., Gossow, H. (Hrsg.), 3. Int. Gamswild-Symp., 25.-28. 10. 1978, Mayrhofen/Tirol, Tag.ber., 78-88.

Prosl, H., 1986.
Zur Epidemiogie der Trichostrongylidose der Rinder auf österreichischen Almweiden. 2. Fortsetzung und Schluß.
Wien. Tierärztl. Mschr. 73, 422-440.

Prosl, H., Feldbacher, P., Jahn, J., 1978.
Abhängigkeit zwischen Endoparasitenbefall und Räude der Gemsen.
In: Onderscheka, K., Gossow, H. (Hrsg.), 3. Int. Gamswild-Symp., 25.-28. 10. 1978, Mayrhofen/Tirol, Tag.ber., 98-107.

Prosl, H., Reiter, I., 1984. Vergleichende Untersuchungen zur Gastrointestinal-Nematodenfauna von Gemse (*Rupicapra rupicapra*) und Steinbock (*Capra ibex*).
Zschr. Jagdwiss. 30, 89-100.

Prud'homme, C., Durand, T., 1994.
Comparaison de la parasitofaune des chamois en fonction de leur localisation biogeographique.
Bull. Inf. Path. Anim. Sauv. 10, 139-157.

Prud'homme, C., Gauthier, G., 1991.
Parasitisme du chamois et des bouquetins de Savoie et évaluation de la méthode coprologique.
Bull. Inf. Path. Anim. Sauv. 7, 99-111.

Pupkov, P. M., 1971.
Gel'mintofauna serny central'nogo Kavkaza.
Trudy Gorsk. Sel'skochozjajstvenn. Inst. 32, 331-333.

Rajský, D., Beladičová, V., 1987.
Doplnky k štúdiu helmintóz a helmintóznych vzt'ahov kamzíka vrchovského (*Rupicapra rupicapra* Linné, 1758) v centrálnej časti Vysokých Tatier.
Veterinářství 37, 516-517.

Rehbein, S., Kollmannsberger, M., Visser, M., Winter, R., 1996.
Untersuchung zum Helminthenbefall von Schlachtschafen in Oberbayern. 1. Mitt.: Artenspektrum, Befallsextensität und Befallsintensität.
Berl. Münch. Tierärztl. Wschr. 109, 161-167.

Rehbein, S., Lutz, W., Visser, M., Winter, R., 2000.
Beiträge zur Kenntnis der Parasitenfauna des Wildes in Nordrhein-Westfalen. 1. Der Endoparasitenbefall des Rehwildes.
Zschr. Jagdwiss. 46, 248-269.

Rehbein, S., Lutz, W., Visser, M., Winter, R., 2001.
Beiträge zur Kenntnis der Parasitenfauna des Wildes in Nordrhein-Westfalen. 2. Der Endoparasitenbefall des Damwildes.
Zschr. Jagdwiss. 47, 1-16.

Rehbein, S., Lutz, W., Visser, M., Winter, R., 2002.
Beiträge zur Kenntnis der Parasitenfauna des Wildes in Nordrhein-Westfalen. 3. Der Endoparasitenbefall des Rotwildes.
Zschr. Jagdwiss. 48, 69-93.

Rehbein, S., Visser, M., Winter, R., 1998.
Ein Beitrag zur Kenntnis des Endoparasitenbefalls der Schafe auf der Schwäbischen Alb.
Dtsch. Tierärztl. Wschr. 105, 397-436.

Rehbein, S., Visser, M., Winter, R., 2003.
Beitrag zur Kenntnis des Helminthenbefalls von Rindern aus Schleswig-Holstein nach einer Weidesaison.
Berl. Münch. Tierärztl. Wschr. 116, 41-44.

Reiter, I., 1980.
Vergleichende Untersuchungen an Magen-Darm-Nematoden von Gemse (*Rupicapra rupicapra*) und Steinbock (*Capra ibex*).
Vet.med. Diss., Wien.

Reydellet, M., 1962.
Quelques observations sur le gibier en montagne.
5th Congr. Int. Un. Game Biol., 4-10 September 1961, Bologna, Italy.
Ric. zool. appl. caccia 4, Suppl., 194-198.

Ribbeck, R., Haupt, W., 1989.
Untersuchungen zum Lungen- und Magen-Darm-Nematodenbefall bei der nutztierartigen Haltung von Damwild.
Mh. Vet.med. 44, 469-471.

Richter, J., 1986.
Makro- und Mikropräparation von Zestoden zur Herstellung von Lehrmaterial für die Aus- und Weiterbildung.
Sekt. Tierprod. Vet.med., Wiss.ber. Parasitol., Hausarb. Biol.-Lab., Univ. Leipzig.

Rigaud, P., 1985.
Le Mouflon (*Ovis ammon musimon*, Schreber 1782) dans le massif du Sancy.
Thèse Méd. Vét., Lyon.

Roberts, F. H. S., 1952.
Host specifity of livestock parasites in Australia.
Rep. Meet. Aust. New Zealand Assoc. Adv. Sci., Sect. I 29, 247-257.

Rodonaja, T. È., 1956.
Gel'mintofauna dikih mlekopitajuščich Lagodehskogo gosudarstvennogo zapovednika.
Trudy Inst. Zool. Akad. Nauk Gruzinsk. SSR 14, 147-187.

Rodonaja, T. È., 1971.
Gel'minty ohotnič'ih promyslovyh mlekopitajuščich Gruzii.
Izd. „Mecniereba", Tbilisi.

Rojo-Vazquez, F. A., Valle-Suarez, J. M., Cordero-del-Campillo, M., Diez Baños, P., 1979.
Spiculopteragia spiculoptera (Guschanskaia, 1931) en *Capreolus capreolus* y *Rupicapra rupicapra* de la Cordillera Cantábrica.
2º Congr. Nac. Parasitol., Asoc. Parasitol. Españ., 1-4 octubre 1979, León, Abstr., 101.

Rosà, R., Rizzoli, A., Pugliese, A., Genchi, C., Citterio, C., 1997.
Modelli per lo studio delle infestazione del camoscio (*Rupicapra rupicapra* L.) del Brenta (Trentino, Italia).
Centro di Ecol. Alpina, Report 12,1-34.

Rossi, P., 1983.
Sur le genre *Nematodirus* Ransom, 1907 (Nematoda: Trichostrongyloidea).
Ann. Parasitol. Hum. Comp. 58, 557-581.

Rossi, L., Canese, M. G., Meneghi, D. de, 1989a.
Su un caso cenurosi cerebrale nel camoscio (*Rupicapra rupicapra*).
Ann. Fac. Med. Vet. Torino 33, 219-231.

Rossi, L., Lanfranchi, P., Meneguz, P. G., Peracino, V., 1984/1985.
Sull'infestazione sperimentale e spontanea di ovini e caprini con nematodi gastro-intestinali di camosci et stambecchi del Parco Nationale Gran Paradiso.
Ann. Fac. Med. Vet. Torino 15, 70-82.

Rossi, L., Meneghi, D. de, Meneguz, P. G., 1989b.
Elmintofauna del camoscio (*Rupicapra rupicapra*) nel Parco Naturale Argentera.
Ann. Fac. Med. Vet. Torino 33, 206-218.

Rossi, L., Meneguz, P. G., Cresci, M. E., 1995.
La simpatria Muflone/Camoscio modifica sensibilmente le rispettive comunità elmintiche?
Bull. Inf. Path. Anim. Sauv. 12, 53-61.

Rossi, L., Meneguz, P. G., Cresci, M. E., 1996.
La simpatria Muflone/Camoscio modifica sensibilmente le rispettive comunità elmintiche?
Ric. Biol. Selvaggina 24, Suppl., 75-90.

Roth, H. H., 1968.
Das Helminthenvorkommen in Säugetieren Zoologischer Gärten und seine Abhängigkeit von ökologischen Faktoren.
Zool. Beitr. 14, 61-123, 316-358.

Roth, K., 1907.
Coenurus cerebralis im Gehirn einer Gemse.
Berl. Tierärztl. Wschr. 23, 94-95.

Ruggieri, M., Caslini, C., Passalcqua, C., Ferrari, N., Broglia, A., Citterio, C. V., Lanfranchi, P., 2007.
Effect of red deer on abomasal nematodes community of chamois: a 14-years assessment.
1. Int. Conf. on Genus *Cervus*, 14-17. September 2007, Primiero Trantino, Italy, Abstr., 50.

Ruhljadev, D. P., 1958.
Gel'mintofauna sern, turov, olenej i kosul' v kavkazskom zapovednike.
Trudy Kavkazsk. Gosudarstvenn. Zapovednikov, Vyp. 5, 95-124.

Sachs, L., 1993
Statistische Methoden.
7. Aufl., Springer-Verl., Berlin, Heidelberg.

Sala, M., Citterio, C. V., Sartorelli, P., Zaffaroni, E., Comazzi, S., Lanfranchi, P., 2000.
Integrated survey on abomasal helminths, body condition and hematochemical metabolic parameters in a chamois population.
Parassitologia 42, Suppl. 1, 76.

Salzmann, H. C., Hörning, B., 1974.
Der parasitologische Zustand von Gemspopulationen des schweizerischen Jura im Vergleich zu Alpengemsen.
Zschr. Jagdwiss. 20, 105-115.

Santín-Durán, M., Alunda, J. M., Hoberg, E. P., de la Fuente, C., 2004.
Abomasal parasites in wild sympatric cervids, red deer, *Cervus elaphus* and fallow deer, *Dama dama*, from three localities across Central and Western Spain: relationship to host density and park management.
J. Parasitol. 90, 1378-1386.

Sattler, W., 1986a.
Das Gamswild im Schwarzwald.
In: Nerl, W. (Hrsg.), Das große Gamsbuch. W. Ludwig Verl., 197-217.

Sattler, W., 1986b.
Über Gamswild im Schwarzwald.
Fürstenberger Waldbote 32, 31-33.

Schellner, H.-P., 1977.
Untersuchungsergebnisse von Fallwild und anderen ausgewählten Tierarten von 1973 bis 1976 in Bayern.
Tierärztl. Umsch. 32, 225-228.

Schellner, H.-P., 1982.
Untersuchungsergebnisse von Fallwild und ausgewählten Musteliden von 1977 bis 1981 in Bayern.
Berl. Münch. Tierärztl. Wschr. 95, 462-464.

Scheuring, L., 1922.
Coenurus cerebralis, Küchenmeister bei einer Gemse.
Münch. Tierärztl. Wschr. 73, 607-608.

Schlegel, L. C., in Vorbereitung.
Untersuchungen zum Parasitenbefall des Gamswildes in Deutschland – Eimerien, Sarkosporidien, Lungenwürmer, Leberegel

Schröder, W., 1971.
Zur Ökologie des Gamswildes (*Rupicapra rupicapra* L.).
Forstwiss. Diss., Göttingen (auch: Untersuchungen zur Ökologie des Gamswildes (*Rupicapra rupicapra* L.) in einem Vorkommen in den Alpen. Zschr. Jagdwiss. 17, 113-168, 197-235).

Schwarzer, L., 1927.
Lungen- und Magenwurmseuche beim Gemswild.
Mitt. Jagdschutzv. Niederösterr. 49, 7.

Schweizer, R., 1949.
Beobachtungen über Wildtierkrankheiten.
Schweiz. Arch. Tierheilk. 91, 391-396.

Schultze-Rhonhof, W., 1972.
Untersuchungen über den Helminthenbefall des Rotwildes in den Bayerischen Alpen.
Vet.med. Diss., München.

Shackleton, D. M. (Ed.), 1997.
Wild sheep and goats and their relatives. Status survey and conservation action plan for Caprinae.
IUCN, Gland, Schweiz, und Cambridge, UK.

Sikó, S. B., Neguş, S., 1988.
Aspects concerning the interrelations between parasitofauna of chamois (*Rupicapra rupicapra carpatica* Couturier, 1938) and sheep (*Ovis aries* L.) from the same trophic areas.
Verh.ber. Erkrank. Zootiere, 30 139-148.

Skrjabin, K. I., Shikhobalova, N. P., Orlov, I. V., 1970.
Trichocephalidae and Capillariidae of Animals and Man and the Diseases caused by Them. In: Skrjabin, K. I. (Ed.), Essentials of Nematodology, Vol. 6, Acad. Science USSR, Helminthological Lab.
Isreal Program for Scientific Translations, Jerusalem.

Smothers, C. D., Sun, F., Dayton, A. D., 1999.
Comparison of geometric means as measures of a central tendency in cattle nematode populations.
Vet. Parasitol. 81, 211-224.

Spasskij, A. A., 1951.
Anoplocefaljaty. Lentočnye gel'minty domašnyh i dikih životnyh.
In: Skrjabin, K. I. (Red.), Osnovy cestodologii, Tom 1. Izd. Akad. Nauk SSSR, Moskva.

Stancampiano, L., Cassini, R., Dalvit, P., 2003.
Emissione di coccidi e uova di elminti gastrointestinali in una popolazione di camoscio alpino in calo demografico.
J. Mt. Ecol. 7, Suppl., 175-183.

Stancampiano, L., Guberti, V., 2006.
Modelli di dinamica delle biocenosi parassitarie: variazioni di densità dell'ospite e parassiti gastrointestinali nel camoscio alpino.
Parassitologia 48, 47-49.

Stancampiano, L., Serra, S., Battelli, G., 2001.
Gastro-intestinal nematode infections in four Alpine chamois herds: influence of host density on helminth egg output.
Parassitologia 43, 123-130.

Štefančíková, A., Chovancová, B., Dubinský, P., Tomašovočová, O., Čorba, J., Königová, A., Hovorka, I., Vasilková, Z., 1999a.
Súčasný stav výskytu pľúcnych nematódov kamzíka vrchovského Tatranského (*Rupicapra rupicapra tatrica*, Blahout, 1971) v Tatranskom Národnehom Parku.
Štúdie Tatransk. Národn. Parku 4 (37), 179-188.

Štefančíková, A., Chovancová, B., Dubinský, P., Tomašovočová, O., Čorba, J., Königová, A., 1999b.
Parazitózy kamzíkov a jeleňov v Tatranskom Národnom Parku.
In: Janiga, M., Švajda, J. (Eds.), Ochrana kamzíka. TANAP, NAPANT, IHAB, Tatranská Javorina, 15-22.

Štill, J., Štill, V., 1976.
Über die Erkrankungen der Gemsen (*Rupicapra rupicapra*) aus freier Wildbahn in Nordböhmen und aus dem Zoo Dečin.
Verh.ber. Erkrank. Zootiere 18, 95-97.

Stroh, G., 1911.
Parasitologische Notizen vom Wilde (1903-1910).
Berl. Tierärztl. Wschr. 27, 238

Stroh, G., 1932.
Coenurus cerebralis bei der Gemse.
Berl. Tierärztl. Wschr. 48, 465-466.

Stroh, G., 1936.
Lungenwurmfunde bei 100 Gemsen und ihre krankmachende Bedeutung.
Berl. Tierärztl. Wschr. 52, 696-699.

Suarez, V. H., Cabaret, J., 1991.
Similarities between species of Ostertagiinae (Nematoda: Trichostrongyloidae) in relation to host-specifity and climatic enviroment.
Vet. Parasitol. 20, 179-185.

Tataruch, F., Steineck, T., Klansek, E., 2001.
Monitoring von Wildproben aus dem Nationalpark Kalkalpen. Endbericht über das Forschungsprojekt.
Forschungsinst. f. Wildtierk. u. Ökol., Vet.med. Univ. Wien.

Tataruch, F., Steineck, T., Klansek, E., 2006.
Auswertung des Tierprobenmaterials.
In: Reimoser, F. (Hrsg.), Begleitforschung zum Projekt Nationalparkjagden im Gasteinertal.
Forschungsinst. f. Wildtierk. u. Ökol., Vet.med. Univ. Wien, 101-114.

Taraschewski, H., 2006.
Parasiten und Wirte als Bestandteile von Ökosystemen.
In: Hiepe, T., Lucius, R., Gottstein, B. (Hrsg.), Allgemeine Parasitologie mit den Grundzügen der Immunologie, Diagnostik und Bekämpfung, Parey im MVS Medizinverl. Stuttgart, 276-325.

Taylor, E. L., 1934.
A method of estimating the number of worms present in the fourth stomach and small intestine of sheep and cattle for the definite diagnosis of parasitic gastritis.
Vet. Rec. 14, 474-476.

Thomas, D. R. H., Probert, A. J., 1993.
A key to the identification of arrested gastrointestinal nematodes of sheep in Britain.
Vet. Parasitol. 47, 77-80.

Thul, J. E., Forrester, D. F., Abercrombie, C. L., 1985.
Ecology of parasitic helminths of wood ducks, *Aix sponsa*, in the Atlantic flyway.
Proc. Helminthol. Soc. Wash. 52, 297-310.

Tjufekčiev, A. K., 1978.
Proučvane varhu divata koza (*Rupicapra rupicapra* L.) v rajona na Pirin planina.
Avtoreferat Diss., B'lgarska Akad. Nauk. Inst. Za Gorata, Sofija.

Traldi, G., Manfredi, M. T., Zanin, E., Frigo, W., 1986.
Infestazioni naturali da nematodi dell'apparato digerente del camoscio (*Rupicapra rupicapra* L.) e del capriolo (*Capreolus capreolus* L.) nella provincia di Trento e Bolzano.
Ann. Ist. Super. Sanità 22, 483-486.

Trepp, H. C., 1973.
Epizootologische Untersuchungen über den Magen-Darm-Strongyliden-Befall des Schafes.
Vet.med. Diss., Univ. Zürich.

Trimaille, J. C., 1985.
Le chamois (*Rupicapra rupicapra* L.) dans le Jura français.
Thèse Méd. Vét., Lyon.

Urquhart, G. M., Armour, J., Duncan, J. L., Dunn, A. M., Jennings, F. W., 1989.
Veterinary Parasitology.
Longman Scientific & Technical, Bath Press, Avon, UK.

Vartic, N., Suteu, E., Ivascu, V., Coman, S., Kelemen, A., 1971.
Beitrag zur Parasitenfauna der Tiere in einigen Tiergärten Rumäniens.
Verh.ber. Erkrank. Zootiere 13, 153-158.

Vasilková, Z., Krupicer, I., Juriš, P., Dubinský, P., Štefančíková, A., Chovancová, B., 1998.
Occurrence of gastrointestinal nematodes and coccidians in chamois (*Rupicapra rupicapra tatrica*) in TANAP.
Helminthologia 35, 170-171.

Ventéjou, B., 1985.
Bilan du parasitisme digestifs et respiratoire chez le chamois dans l'est de la France. Considérations sur l'influence potentielle du climat.
Thèse Méd. Vét., Lyon.

Weidenmüller, H., 1961.
Beobachtungen bei Fallwilduntersuchungen.
Mh. Tierheilk. 13, 74-80.

Weidenmüller, H., 1971.
Fallwilduntersuchungen 1950-1970.
Tierärztl. Umsch. 26, 201-203.

Wetzel, R., 1951.
Verbesserte McMaster-Kammer zum Auszählen von Wurmeiern.
Tierärztl. Umsch. 6, 209-210.

Whitlock, H. V., 1948.
A method for staining small nematodes to faciliate worm counts.
J. Counc. Sci. Indust. Res. Aust. 21, 181-182.

Wiesner, H., 1985.
Problems in the management of chamois in captivity.
In: Lovari, S. (Ed.), The Biology and Management of Mountain Ungulates.
Croom Helm Ltd., Beckenham, UK, 233-239.

Willemoes-Suhm, R. v., 1868.
Die Gemsen in Hohenschwangau.
Zool. Garten 9, 73-75.

Williams, J. C., Knox, J. W., Sheehan, D, Fuselier, R. H., 1977.
Efficacy of albendazole against inhibited early fourth stage larvae of *Ostertagia ostertagia*.
Vet. Rec. 101, 484-486.

Zaffaroni, E., Cittero, C., Sala, M., Lauzi, S., 1997.
Impact of abomasal nematodes on roe deer and chamois body condition in an alpine environment.
Parassitologia 39, 313-317.

Zaffaroni, E., Fraquelli, C., Manfredi, M. T., Lanfranchi, P., Siboni, A., Sartori, E., Partel, P., 1996.
Abomasal helminth communities in sympatric roe deer (*Capreolus capreolus*) and chamois (*Rupicapra rupicapra*) populations in the eastern Alps.
Ric. Biol. Selvaggina 24, Suppl., 53-68.

Zaffaroni, E., Manfredi, M. T., Citterio, C., Sla, M., Piccolo, G., Lanfranchi, P., 2000.
Host specificity of abomasal nematodes in free ranging alpine ruminants.
Vet. Parasitol. 90, 221-230.

Zakarjev, A., 1987.
Gel'minty dikih mlekopitajuščich Severnogo Kavkaza.
Dagknigoizdat, Machashkala.

Zakrajšek, B., 1995.
Vpliv notrjanjih zajeddavcev na krvno sliko gamsa.
Zb. Vet. Fak. Univ. Ljubljana 32, 291-299.

Zeitler, R., 1902.
Die Krankheiten des Gemswildes, ihre Ursachen und Wirkungen.
Der Weidmann 33, 217-219, 233-235.

Zuk, M., 1990.
Reproductive strategies and disease susceptibility: an evolutionary viewpoint.
Parasitol. Today 6, 231-233.

Zuk, M., Mc Kean, K. A., 1996.
Sex differences in parasite infections: patterns and processes.
Int. J. Parasitol. 26, 1009-1024.

Žuravleva, K. V., Raušenbah, Ju. O., 1939.
Rekognoscirovočnoe gel'mintologičeskoe issledovanie, kak pervyj etap izučeniju gel'mintov i gel'mintozov kopytnyh Zapadnogo Kavkaza.
Naučno-metod. zapiski Glavnogo Upravlenija po zapovednikam, Vyp. 5, 87-104.

Die Transliteration der kyrillischen Buchstaben erfolgte gemäß DIN 1460 nach Angaben im Duden (2000), Bd.1, 22. Aufl., Dudenverl., Bibliograph. Inst. & F. A. Brockhaus AG, Mannheim.

Anhang

Tab. A1: Herkunft und Zusammensetzung des Untersuchungsmaterials

Lfd. Nr.	Herkunft: Forstamt (FA) Forstbetrieb (FB) Nationalpark (NP) Landkreis (Lkr.)	Herkunft: Bereich / Revier / Forstdienststelle (FDS)	Erlegedatum	Alter (Jahre)	Altersklasse [1]	Geschlecht [2]	Gewicht (kg), aufgebrochen	Gesundheits-zustand [3]
G1	FA Kreuth	Ro II	04.09.04	Kitz	4	w	9,5	1
G2	FA Kreuth	Ro II	04.09.04	1	3	m	13,5	1
G3	FA Kreuth	Söllbach	06.09.04	4	2	m	17,5	1
G4	FA Kreuth	Ro I	08.09.04	Kitz	4	w	7,5	1
G5	FA Marquartstein	Rev. Unterwössen, XXVII19	13.09.04	Kitz	4	w	7	1
G6	FA Bad Tölz	FDS Walchensee	15.09.04	3	3	w	10	3
G7	FA Marquartstein	FDS Schleching, XXIX8	17.09.04	3	2	m	20	1
G8	FA Kreuth	Hirschberg, XXXIII1	17.09.04	1	3	w	12	1
G9	Lkr. Rosenheim	Kiefersfelden	18.09.04	4	2	m	14,5	1
G10	FA Schliersee	Josefstal, XXII4a/5	18.09.04	1	3	m	18	1
G11[4]	FA Kreuth	Söllbach	21.09.04	1	3	w	15	1
G12	FA Kreuth	Söllbach, XXXVII	22.09.04	1	3	w	16	1
G13	FA Garmisch-P.	Distrikt XXIII, Abt. 3	24.09.04	1	3	m	13	1
G14	FA Garmisch-P.	Distrikt XXIV, Abt. 3	24.09.04	Kitz	4	m	6	1
G15	FA Kreuth	Ro II	27.09.04	1	3	m	18	1
G16	FA Kreuth	Ro II	27.09.04	1	3	m	17	1
G17	FA Mittenwald	Rev. I, Dammkar, XI	26.09.04	1	3	w	13	1
G18	FA Bad Tölz	FDS Jachenau	27.09.04	5	2	w	12,5	3
G19	FA Bad Tölz	FDS Walchensee	27.09.04	1	3	m	13	1
G20	FA Berchtesgaden	Ramsau-Wachterl, 27/2	28.09.04	3	3	w	21	1
G21	FA Berchtesgaden	Ramsau-Wachterl, 27/2	28.09.04	Kitz	4	w	10	1
G22	FA Berchtesgaden	Ramsau-Wachterl, 27/2	28.09.04	4	2	w	17	1
G23	NP Berchtesgaden	FDS Au-Schapbach	30.09.04	Kitz	4	m	10,5	1
G24	FA Ruhpolding	o. A.[5]	01.10.04	11	1	w	18,5	1
G25	FA Marquartstein	Rev. Schleching, XXIX2	05.10.04	Kitz	4	m	10	1
G26	FA Marquartstein	Rev. Schleching, XXIX3	05.10.04	Kitz	4	m	12	1
G27	Lkr. Bad Tölz	Benediktenwand	05.10.04	2	3	m	18	1
G28	Lkr. Bad Tölz	Benediktenwand	05.10.04	5	2	w	17	1
G29	Lkr. Bad Tölz	Benediktenwand	05.10.04	Kitz	4	w	7	1
G30	NP Berchtesgaden	FDS Au-Schapbach	07.10.04	Kitz	4	w	9	1
G31	FA Marquartstein	Rev. Rottau XXXIV6	07.10.04	1	3	m	16	1
G32	Lkr. Rosenheim	Unterberg, Kiefersfelden	09.10.04	1	3	m	13	1
G33	FA Marquartstein	Rev. Seegatterl	09.10.04	3	2	m	17	1
G34	FA Marquartstein	Rev. Unterwössen	09.10.04	2	3	m	18	1
G35	FA Bad Tölz	Rev. Hohenburg	11.10.04	Kitz	4	w	10	1
G36	FA Füssen	Rev. Hohenschwangau	12.10.04	3	2	m	22	1
G37	FA Marquartstein	Rev. Unterwössen	13.10.04	Kitz	4	m	13	1
G38	FA Marquartstein	Rev. Unterwössen	13.10.04	2	3	w	15	1
G39	FA Mittenwald	Fall	14.10.04	4	2	m	25	1
G40	FA Mittenwald	Fall	14.10.04	7	2	m	29	1
G41	FA Mittenwald	Vorderriß	15.10.04	4	2	m	26	1
G42	FA Mittenwald	Vorderriß	15.10.04	7	2	w	17	1
G43	FA Mittenwald	Vorderriß	15.10.04	4	2	w	14	1
G44	FA Mittenwald	Vorderriß	15.10.04	7	2	w	18	1
G45	FA Mittenwald	Vorderriß	15.10.04	Kitz	4	w	9	1

[1] Altersklassen nach KNAUS u. SCHRÖDER (1983): Klasse 1: Böcke ≥ 8 Jahre, Geißen ≥ 10 Jahre; Klasse 2: Böcke 3-7 Jahre, Geißen 4-9 Jahre; Klasse 3: Böcke 1-2 Jahre, Geißen 1-3 Jahre; Klasse 4: Kitze
[2] Geschlecht: m = männlich, w = weiblich
[3] Gesundheitszustand (beurteilt durch Erleger): 1 = gesund; 2 = krank; 3 = abgemagert
[4] Labmagen angeschossen, Inhalt teilweise ausgelaufen
[5] o. A. = ohne Angabe

Tab. A1 (Fortsetzung): Herkunft und Zusammensetzung des Untersuchungsmaterials

Lfd.Nr.	Herkunft: Forstamt (FA) Forstbetrieb (FB) Nationalpark (NP) Landkreis (Lkr.)	Herkunft: Bereich / Revier / Forstdienststelle (FDS)	Erlegedatum	Alter (Jahre)	Altersklasse[1]	Geschlecht[2]	Gewicht (kg), aufgebrochen	Gesundheits-zustand[3]
G46	FA Mittenwald	Vorderriß	15.10.04	2	3	m	16	1
G47	FA Garmisch-P.	Farchant	15.10.04	4	2	m	20	1
G48	FA Garmisch-P.	Farchant	15.10.04	3	2	m	22	1
G49	FA Oberammergau	o. A.[4]	15.10.04	3	2	m	18	1
G50	FA Bad Tölz	FDS Kochel	14.10.04	1	3	w	11	1
G51	FA Ruhpolding	Rötelmoos	15.10.04	1	3	m	13	1
G52	FA Ruhpolding	Rötelmoos	15.10.04	Kitz	4	m	11	1
G53	FA Ruhpolding	Rötelmoos	15.10.04	12	1	w	18	1
G54	FA Berchtesgaden	Kehlstein	15.10.04	2	3	m	14	1
G55	FA Berchtesgaden	Kehlstein	15.10.04	4	2	m	18	1
G56	NP Berchtesgaden	FDS Au-Schapbach	15.10.04	5	2	w	18	1
G57	NP Berchtesgaden	FDS Au-Schapbach	17.10.04	Kitz	4	w	12,5	1
G58	NP Berchtesgaden	FDS Ramsau, XVI7a	16.10.04	1	3	m	14	1
G59	NP Berchtesgaden	FDS Ramsau, XVI7a	16.10.04	9	2	w	19	1
G60	FA Marquartstein	Rev. Rottau XXXIV6	16.10.04	1	3	w	15	1
G61	FA Bad Tölz	Rev. Hohenburg	15.10.04	3	2	m	20	1
G62[5]	FA Garmisch-P.	Distrikt XXIV, Abt. 3	19.10.04	7	2	w	18	1
G63	FA Garmisch-P.	Distrikt XXIV, Abt. 3	17.10.04	3	3	w	18	1
G64	NP Berchtesgaden	FDS Königsee, IV7a	20.10.04	1	3	m	19	1
G65	FA Marquartstein	Rev. Unterwössen	25.10.04	Kitz	4	w	10	1
G66	NP Berchtesgaden	FDS Au-Schapbach	26.10.04	3	2	m	25	1
G67	FA Kreuth	FDS Glashütte	28.10.04	3	2	m	o. A.	1
G68	FA Kreuth	FDS Glashütte	28.10.04	1	3	m	o. A.	1
G69	FA Schliersee	o. A.	27.10.04	4	2	m	24,5	1
G70	FA Marquartstein	Distrikt XXIV, Abt. 3	26.10.04	Kitz	4	m	13	1
G71	FA Marquartstein	Distrikt XXIV, Abt. 3	26.10.04	Kitz	4	w	12	1
G72	NP Berchtesgaden	FDS Königsee, IV7a	27.10.04	1	3	w	16	1
G73	NP Berchtesgaden	FDS Au-Schapbach	28.10.04	2	3	w	19,5	1
G74	FA Marquartstein	Rev. Schleching, XXIX3	29.10.04	Kitz	4	m	8	3
G75	NP Berchtesgaden	FDS Königsee / Jenner	02.11.04	1	3	m	15,2	1
G76	FA Marquartstein	Rev. Schleching, XXIX3	03.11.04	5	2	m	25	1
G77	Lkr. Bad Tölz	Jachenau, Rabenkopf	05.11.04	8	1	m	23	1
G78	Lkr. Bad Tölz	Jachenau, Achselköpfe	05.11.04	3	2	m	18	1
G79	NP Berchtesgaden	FDS Au-Schapbach	05.11.04	Kitz	4	w	13,5	1
G80	NP Berchtesgaden	FDS Au-Schapbach	08.11.04	4	2	m	24	1
G81	NP Berchtesgaden	FDS Au-Schapbach	08.11.04	4	2	m	24,5	1
G82	FA Schliersee	Josefstal	10.11.04	4	2	m	25	1
G83	FA Schliersee	Josefstal	10.11.04	5	2	m	23	1
G84	FA Oberammergau	o. A.	10.11.04	3	2	m	20	1
G85	FA Berchtesgaden	FDS Jettenberg	10.11.04	3	2	m	18	1
G86	NP Berchtesgaden	FDS Au-Schapbach	15.11.04	3	2	m	22	1
G87	FA Bad Tölz	FDS Walchensee, XXIX 5	17.11.04	7	2	w	15	1
G88	FA Bad Tölz	FDS Walchensee, XXIX 5	17.11.04	Kitz	4	w	8	1
G89	FA Bad Tölz	FDS Walchensee, XXX8	16.11.04	1	3	m	12	1
G90	NP Berchtesgaden	FDS Königsee, IV1a	17.11.04	2	3	m	18	1

[1] Altersklassen nach KNAUS u. SCHRÖDER (1983): Klasse 1: Böcke ≥ 8 Jahre, Geißen ≥ 10 Jahre; Klasse 2: Böcke 3-7 Jahre, Geißen 4-9 Jahre; Klasse 3: Böcke 1-2 Jahre, Geißen 1-3 Jahre; Klasse 4: Kitze

[2] Geschlecht: m = männlich, w = weiblich

[3] Gesundheitszustand (beurteilt durch Erleger): 1 = gesund; 2 = krank; 3 = abgemagert

[4] o. A. = ohne Angabe

[5] Labmagen und Dünndarm angeschossen, Inhalt teilweise ausgelaufen

Tab. A1 (Fortsetzung): Herkunft und Zusammensetzung des Untersuchungsmaterials

Lfd. Nr.	Herkunft: Forstamt (FA) Forstbetrieb (FB) Nationalpark (NP) Landkreis (Lkr.)	Herkunft: Bereich / Revier / Forstdienststelle (FDS)	Erlegedatum	Alter (Jahre)	Altersklasse[1]	Geschlecht[2]	Gewicht (kg), aufgebrochen	Gesundheitszustand[3]
G91	NP Berchtesgaden	FDS Au-Schapbach	16.11.04	3	2	m	22	1
G92	NP Berchtesgaden	FDS Ramsau, XVI6a	18.11.04	6	2	m	18	1
G93	NP Berchtesgaden	Seeau	18.11.04	4	2	m	18	1
G94	NP Berchtesgaden	FDS Ramsau, XVI3a	21.11.04	4	2	m	19	1
G95	NP Berchtesgaden	FDS Ramsau, XVI5a	21.11.04	4	2	m	20	1
G96	FA Ruhpolding	Thorau	18.11.04	17	2	w	23	1
G97	FA Kreuth	o. A.[4]	22.11.04	4	2	m	11	3
G98	FA Sonthofen	Retterschwang	21.11.04	Kitz	4	m	8,5	1
G99	FA Sonthofen	Retterschwang	21.11.04	4	2	w	16	1
G100	FA Berchtesgaden	Kienberg	21.11.04	1	3	m	15,5	1
G101	NP Berchtesgaden	FDS Au-Schapbach	22.11.04	Kitz	4	w	9	1
G102	NP Berchtesgaden	FDS Au-Schapbach	22.11.04	6	2	w	20	1
G103	FA Berchtesgaden	Kienberg	25.11.04	1	3	m	14,5	1
G104	FA Sonthofen	Retterschwang	25.11.04	15	1	w	13	2[5]
G105	FA Füssen	Rev. Hohenschwangau	25.11.04	1	3	m	17	1
G106	FA Füssen	Rev. Hohenschwangau	25.11.04	7	2	w	22	1
G107	FA Berchtesgaden	FDS Jettenberg	20.11.04	Kitz	4	w	10	1
G108	NP Berchtesgaden	FDS Au-Schapbach	29.11.04	4	2	m	20	1
G109	NP Berchtesgaden	FDS Au-Schapbach	26.11.04	4	2	m	21	1
G110	NP Berchtesgaden	Ramsau-Wachterl, 27/4	26.11.04	7	2	m	21	1
G111	FA Berchtesgaden	Ramsau-Wachterl, 27/4	28.11.04	9	1	m	24	1
G112	FA Mittenwald	o. A.	02.12.04	3	2	m	19	1
G113	NP Berchtesgaden	FDS Au-Schapbach	02.12.04	4	2	m	19	1
G114	FA Berchtesgaden	Ramsau-Hordau, 31/2	01.12.04	8	1	m	20	1
G115	NP Berchtesgaden	FDS Königsee, IV1a	02.12.04	2	3	m	23	1
G116	FA Schliersee	Bayrischzell II	06.12.04	1	3	m	15	1
G117	FA Berchtesgaden	Rev. St. Zeno, Röthelbach	04.12.04	3	3	w	18	1
G118	FA Berchtesgaden	Rev. St. Zeno, Röthelbach	06.12.04	1	3	m	13	1
G119	FA Berchtesgaden	Rev. St. Zeno, Röthelbach	06.12.04	3	3	w	15	1
G120	NP Berchtesgaden	FDS Königsee, III7b	07.12.04	2	3	w	16	1
G121	FA Garmisch-P.	Distrikt XVIII, Abt. 2	06.12.04	7	2	m	19	1
G122	NP Berchtesgaden	FDS Au-Schapbach	08.12.04	7	2	m	19	1
G123	FA Kreuth	Sonnberg, FDS Glashütte	10.12.04	6	2	w	19	1
G124	FA Kreuth	Sonnberg, FDS Glashütte	10.12.04	11	1	w	19	1
G125	FA Kreuth	Sonnberg, FDS Glashütte	10.12.04	Kitz	4	w	13,5	1
G126	FA Kreuth	Sonnberg, FDS Glashütte	10.12.04	Kitz	4	m	13	1
G127	FA Kreuth	Sonnberg, FDS Glashütte	10.12.04	Kitz	4	m	10,5	1
G128	FA Kreuth	Sonnberg, FDS Glashütte	10.12.04	14	1	w	19	1
G129	FA Kreuth	Sonnberg, FDS Glashütte	10.12.04	4	2	w	18,5	1
G130	FA Kreuth	Sonnberg, FDS Glashütte	10.12.04	1	3	w	15,5	1
G131	FA Kreuth	Sonnberg, FDS Glashütte	10.12.04	3	2	m	20	1
G132	FA Kreuth	Sonnberg, FDS Glashütte	10.12.04	Kitz	4	w	10	1
G133	FA Kreuth	Sonnberg, FDS Glashütte	10.12.04	3	2	m	20	1
G134	FA Kreuth	Sonnberg, FDS Glashütte	10.12.04	3	2	m	19	1
G135	FA Kreuth	Sonnberg, FDS Glashütte	10.12.04	Kitz	4	m	11	1

[1] Altersklassen nach KNAUS u. SCHRÖDER (1983); Klasse 1: Böcke ≥ 8 Jahre, Geißen ≥ 10 Jahre; Klasse 2: Böcke 3-7 Jahre, Geißen 4-9 Jahre; Klasse 3: Böcke 1-2 Jahre, Geißen 1-3 Jahre; Klasse 4: Kitze
[2] Geschlecht: m = männlich, w = weiblich
[3] Gesundheitszustand (beurteilt durch Erleger): 1 = gesund; 2 = krank; 3 = abgemagert
[4] o. A. = ohne Angabe
[5] Tier wies massive Neoplasien an Netz, Leber, Milz, Pankreas und Zwerchfell auf (siehe GEISEL et al., 2006)

Tab. A1 (Fortsetzung): Herkunft und Zusammensetzung des Untersuchungsmaterials

Lfd. Nr.	Herkunft: Forstamt (FA) Forstbetrieb (FB) Nationalpark (NP) Landkreis (Lkr.)	Herkunft: Bereich / Revier / Forstdienststelle (FDS)	Erlegedatum	Alter (Jahre)	Altersklasse [1]	Geschlecht [2]	Gewicht (kg), aufgebrochen	Gesundheits-zustand [3]
G136	FA Berchtesgaden	Jochberg-Thumsee, 39/2	11.12.04	12	1	m	25	1
G137	NP Berchtesgaden	FDS Ramsau, VII5b	11.12.04	5	2	m	19	1
G138	FA Rosenheim	FDS Oberaudorf	10.12.04	5	2	m	21	1
G139	NP Berchtesgaden	FDS Königsee, XII2a	12.12.04	4	2	m	20	1
G140	NP Berchtesgaden	FDS Au-Schapbach	14.12.04	2	3	w	18	1
G141	NP Berchtesgaden	FDS Königsee, Obersee	15.12.04	3	2	m	20	1
G142	FA Rosenheim	Oberaudorf	15.12.04	5	2	m	20	1
G143	NP Berchtesgaden	FDS Königsee, II4a	17.12.04	4	2	m	19	1
G144	NP Berchtesgaden	FDS Au-Schapbach	17.12.04	4	2	m	18	1
G145	NP Berchtesgaden	FDS Hintersee	20.12.04	3	2	m	18	1
G146	NP Berchtesgaden	FDS Hintersee	21.12.04	4	2	m	18,5	1
G147	NP Berchtesgaden	FDS Hintersee	21.12.04	2	3	o. A.[4]	18	1
G148	NP Berchtesgaden	FDS Hintersee	21.12.04	3	2	m	19	1
G149	FA Rosenheim	Priental, Grattenbach	04.01.05	1	3	m	o. A.	1
G150	FA Oberammergau	o. A.	04.01.05	16	1	w	13	1
G151	FA Oberammergau	o. A.	04.01.05	Kitz	4	w	8,5	1
G152	NP Berchtesgaden	FDS Hintersee	04.01.05	11	1	m	16	1
G153	NP Berchtesgaden	FDS Au-Schapbach	05.01.05	2	3	w	20	1
G154	NP Berchtesgaden	FDS Au-Schapbach	05.01.05	Kitz	4	w	13	1
G155	FA Rosenheim	Rev. Sachrang, Grattenbach	10.01.05	3	2	m	18	1
G156	FA Füssen	Rev. Hohenschwangau, VII1	10.01.05	2	3	m	17	1
G157	Lkr. Rosenheim	Rev. Aschau, Klausgraben	12.01.05	16	1	w	16	3
G158	NP Berchtesgaden	FDS Au-Schapbach	13.01.05	1	3	m	16	1
G159	NP Berchtesgaden	FDS Au-Schapbach	21.01.05	2	3	w	16	1
G160	FA Oberammergau	Linderhof	22.01.05	5	2	m	17	1
G161	FA Oberammergau	Linderhof	23.01.05	4	2	m	16,5	1
G162	NP Berchtesgaden	FDS Hintersee	27.01.05	1	3	w	15	1
G163	FA Oberammergau	Linderhof	27.01.05	15	1	m	17,5	1
G164	FA Oberammergau	Linderhof	31.01.05	5	2	m	16,5	1
G165	NP Berchtesgaden	FDS Hintersee	14.02.05	Kitz	4	m	13	1
G166	NP Berchtesgaden	FDS Au-Schapbach	30.03.05	Kitz	4	w	12	1
G167	NP Berchtesgaden	FDS Au-Schapbach	07.04.05	1	3	w	12	1
G168	NP Berchtesgaden	FDS Au-Schapbach	07.04.05	1	3	m	12,5	1
G169	NP Berchtesgaden	FDS Au-Schapbach	07.05.05	6	2	m	19	1
G170	FA Oberammergau	Linderhof	10.05.05	1	3	o. A.	7	1
G171	FA Oberammergau	Linderhof	16.05.05	1	3	w	7,5	1
G172	NP Berchtesgaden	FDS Au-Schapbach	24.05.05	2	3	w	16	1
G173	NP Berchtesgaden	FDS Au-Schapbach	10.05.05	2	3	m	15,5	1
G174	NP Berchtesgaden	FDS Au-Schapbach	24.05.05	1	3	w	10,5	1
G175	FB Oberammergau[5]	Rev. Hohenschwangau	19.07.05	4	2	m	23	1
G176	FB Oberammergau[5]	Rev. Hohenschwangau	03.08.05	5	2	m	23	1
G177	FB Oberammergau[5]	Rev. Hohenschwangau	04.08.05	3	2	m	16	1
G178	FB Oberammergau[5]	Rev. Hohenschwangau	03.08.05	4	2	m	24	1
G179	FB Staufen	Rev. Hügelheim-Wald	03.08.05	11	1	w	18	1
G180	Lkr. Waldshut	Menzenschwand	10.09.05	1	3	w	14	1

[1] Altersklassen nach KNAUS u. SCHRÖDER (1983); Klasse 1: Böcke ≥ 8 Jahre, Geißen ≥ 10 Jahre; Klasse 2: Böcke 3-7 Jahre, Geißen 4-9 Jahre; Klasse 3: Böcke 1-2 Jahre, Geißen 1-3 Jahre; Klasse 4: Kitze
[2] Geschlecht: m = männlich, w = weiblich
[3] Gesundheitszustand (beurteilt durch Erleger): 1 = gesund; 2 = krank; 3 = abgemagert
[4] o. A. = ohne Angabe
[5] ehemaliges FA Füssen, seit 01.07.2005 Teil des FB Oberammergau

Tab. A1 (Fortsetzung): Herkunft und Zusammensetzung des Untersuchungsmaterials

Lfd. Nr.	Herkunft: Forstamt (FA) Forstbetrieb (FB) Nationalpark (NP) Landkreis (Lkr.)	Herkunft: Bereich / Revier / Forstdienststelle (FDS)	Erlegedatum	Alter (Jahre)	Altersklasse[1]	Geschlecht[2]	Gewicht (kg), aufgebrochen	Gesundheitszustand[3]
G181	FB Staufen	Badenweiler	05.11.05	2	3	m	15	1
G182	FB Oberammergau[4]	Rev. Hohenschwangau	15.11.05	1	3	w	14	1
G183	Lkr. Waldshut	Menzenschwand III	21.11.05	1	3	w	15	1
G184	Lkr. Waldshut	Ühlingen-Birkendorf	24.11.05	Kitz	4	w	14	1
G185	Lkr. Waldshut	Ühlingen-Birkendorf	24.11.05	5	2	w	22	1
G186	Lkr. Waldshut	Höchenschwand	26.11.05	5	2	m	20	1
G187	Lkr. Waldshut	Höchenschwand	26.11.05	7	2	m	18	1
G188	Lkr. Waldshut	Menzenschwand III	28.11.05	1	3	w	16	1
G189	FB Staufen	Rev. Prälatenwald	29.11.05	11	1	m	21	1
G190	Lkr. Waldshut	Menzenschwand II	03.12.05	18	1	w	20	1
G191	FB Sonthofen[5]	Retterschwang	06.12.05	Kitz	4	m	11	1
G192	FB Sonthofen[5]	Retterschwang	06.12.05	Kitz	4	m	8	1
G193	FB Sonthofen[5]	Retterschwang	06.12.05	8	2	w	20,5	1
G194	Lkr. Waldshut	Menzenschwand III	07.12.05	7	2	w	20	1
G195	FB Staufen	Badenweiler	11.12.05	11	1	m	25	1
G196	Lkr. Waldshut	Brenden-West	09.12.05	Kitz	4	w	13	1
G197	FB Kirchzarten	Zastler	10.12.05	1	3	m	10	1
G198	FB Kirchzarten	Zastler	10.12.05	1	3	w	9	1
G199	FB Kirchzarten	Zastler	10.12.05	2	3	w	13	1
G200	FB Kirchzarten	St. Wilhelm	15.12.05	2	3	m	15	1
G201	FB Kirchzarten	St. Wilhelm	15.12.05	1	3	w	10	1
G202	FB Sonthofen[5]	Retterschwang, XVII	28.01.06	5	2	m	17	1
G203	Lkr. Rosenheim	Feuchteck	03.09.06	13	1	w	20	1
G204	Lkr. Rosenheim	Feuchteck	04.09.06	Kitz	4	m	6	1
G205	FB Kirchzarten	o. A.[6]	11.11.06	Kitz	4	m	15	1
G206	FB Kirchzarten	o. A.	12.11.06	2	2	w	o. A.	1
G207	FB Kirchzarten	o. A.	12.11.06	12	1	m	18	1
G208	FB Kirchzarten	Hinterzarten	27.11.06	Kitz	4	m	12	1
G209	FB Kirchzarten	Höllental	28.11.06	Kitz	4	w	12	1
G210	FB Kirchzarten	Oberried-Zastler	23.11.06	2	2	w	18	1
G211	FB Kirchzarten	Oberried-Zastler	23.11.06	1	3	m	16	1
G212	FB Kirchzarten	Oberried-Zastler	23.11.06	1	3	m	15	1
G213	FB Kirchzarten	Höllental	28.11.06	1	3	m	o. A.	1
G214	FB Kirchzarten	Hinterzarten	29.11.06	9	2	w	25	1
G215	FB Kirchzarten	Hinterzarten	29.11.06	Kitz	4	w	10	1
G216	FB Kirchzarten	Hinterzarten	29.11.06	2	3	m	19	1
G217	FB Kirchzarten	Hinterzarten	29.11.06	3	3	w	21	1
G218	FB Staufen	Rev. Hügelheim-Wald	10.12.06	1	3	m	12	1
G219	FB Staufen	Rev. Hügelheim-Wald	10.12.06	2	3	w	16,5	1
G220	FB Kirchzarten	Oberried-Zastler	10.12.06	1	3	w	15	1
G221	FB Kirchzarten	Höllental	09.12.06	Kitz	4	m	13	1
G222	FB Kirchzarten	Oberried-Zastler	13.12.06	2	3	w	19	1
G223	FB Kirchzarten	Höllental	15.12.06	1	3	m	18	1

[1] Altersklassen nach KNAUS u. SCHRÖDER (1983); Klasse 1: Böcke ≥ 8 Jahre, Geißen ≥ 10 Jahre; Klasse 2: Böcke 3-7 Jahre, Geißen 4-9 Jahre; Klasse 3: Böcke 1-2 Jahre, Geißen 1-3 Jahre; Klasse 4: Kitze
[2] Geschlecht: m = männlich, w = weiblich
[3] Gesundheitszustand (beurteilt durch Erleger): 1 = gesund; 2 = krank; 3 = abgemagert
[4] ehemaliges FA Füssen, seit 01.07.2005 Teil des FB Oberammergau
[5] ehemaliges FA Sonthofen, seit 01.07.2005 Teil des FB Sonthofen
[6] o. A. = ohne Angabe

Tab. A2: Ergebnisse der koproskopischen Untersuchung (Enddarmkot)

Lfd.Nr.	Magen-Darm-Strongyliden-EpG[1]	*Nematodirus/ Marshallagia*-EpG	*Trichuris*-EpG	*Capillaria*-EpG	*Moniezia*-Eier (Nachweis)[2]
G 1	225	0	150	0	+
G 2	75	0	0	0	-
G 3	675	0	0	0	-
G 4	100	0	75	0	-
G 5	275	50	0	0	-
G 6	4825	25	50	50	-
G 7	450	0	0	0	-
G 8	25	0	0	0	-
G 9	100	0	0	0	-
G 10	50	0	0	0	-
G 11	50	0	0	0	-
G 12	25	0	0	0	-
G 13	75	25	0	0	-
G 14	225	0	0	0	-
G 15	250	0	0	0	-
G 16	175	25	0	0	-
G 17	25	0	25	0	+
G 18	950	0	0	0	-
G 19	225	0	0	0	-
G 20	100	0	0	0	-
G 21	150	0	100	0	+
G 22	25	0	0	25	-
G 23	125	0	0	0	-
G 24	150	0	0	0	-
G 25	25	0	50	0	-
G 26	175	0	0	0	+
G 27	400	0	0	0	-
G 28	150	0	0	0	-
G 29	300	25	0	0	-
G 30	350	0	100	0	-
G 31	100	0	0	0	-
G 32	125	0	0	0	-
G 33	0	0	0	0	-
G 34	425	25	0	0	-
G 35	25	0	0	25	+
G 36	25	0	0	0	-
G 37	75	100	0	0	-
G 38	75	0	0	0	+
G 39	175	0	0	0	-
G 40	300	0	0	25	-
G 41	100	0	0	0	-
G 42	25	0	0	0	-
G 43	0	0	0	0	-
G 44	25	0	0	0	-
G 45	50	0	125	0	+

[1] Eier pro Gramm Kot
[2] + = positiv, - = negativ

Lfd.Nr.	Magen-Darm-Strongyliden-EpG[1]	*Nematodirus/ Marshallagia*-EpG	*Trichuris*-EpG	*Capillaria*-EpG	*Moniezia*-Eier (Nachweis)[2]
G 46	175	0	0	0	-
G 47	550	0	0	0	-
G 48	125	0	0	0	-
G 49	325	0	0	0	-
G 50	75	0	0	0	-
G 51	75	0	75	0	-
G 52	200	0	0	0	-
G 53	75	0	0	0	-
G 54	25	0	0	0	-
G 55	25	0	0	0	-
G 56	75	0	0	50	-
G 57	150	0	0	0	-
G 58	0	0	0	0	+
G 59	0	0	0	0	-
G 60	0	0	0	0	-
G 61	300	0	0	0	-
G 62	475	0	0	0	-
G 63	50	0	0	0	-
G 64	25	0	0	0	-
G 65	200	0	0	0	-
G 66	125	0	0	0	-
G 67	275	25	0	0	-
G 68	175	0	0	0	-
G 69	0	0	0	0	-
G 70	25	0	0	0	+
G 71	175	25	25	0	-
G 72	0	0	0	0	-
G 73	0	0	0	0	-
G 74	150	25	325	0	-
G 75	50	0	0	25	+
G 76	500	75	0	0	-
G 77	825	0	0	75	-
G 78	175	0	0	50	-
G 79	100	0	50	0	-
G 80	0	0	0	25	-
G 81	25	75	0	0	-
G 82	325	0	0	0	-
G 83	450	0	0	0	-
G 84	100	0	0	0	-
G 85	25	0	0	0	+
G 86	0	0	0	0	-
G 87	50	0	0	0	-
G 88	0	0	25	0	-
G 89	0	0	0	0	-
G 90	0	0	0	0	-

[1] Eier pro Gramm Kot
[2] + = positiv, - = negativ

Tab. A2 (Fortsetzung): Ergebnisse der koproskopischen Untersuchung (Enddarmkot)

Lfd.Nr.	Magen-Darm-Strongyliden-EpG[1]	*Nematodirus/ Marshallagia*-EpG	*Trichuris*-EpG	*Capillaria*-EpG	*Moniezia*-Eier (Nachweis)[2]
G 91	0	0	0	0	-
G 92	0	25	0	25	-
G 93	0	75	0	0	-
G 94	0	75	0	0	-
G 95	125	100	0	0	-
G 96	125	0	0	0	-
G 97	75	50	100	0	-
G 98	25	50	0	0	+
G 99	50	0	0	0	-
G 100	75	0	0	0	-
G 101	0	75	0	0	+
G 102	50	25	0	0	-
G 103	25	0	0	0	-
G 104	1725	75	0	225	-
G 105	0	0	0	0	-
G 106	25	0	0	0	-
G 107	0	0	150	0	-
G 108	0	0	0	0	
G 109	0	0	0	25	-
G 110	725	50	0	0	-
G 111	0	25	0	0	-
G 112	0	0	0	0	-
G 113	25	75	0	0	-
G 114	125	50	0	0	-
G 115	75	0	0	0	-
G 116	0	0	0	0	-
G 117	25	0	0	0	-
G 118	50	25	0	0	+
G 119	50	0	0	0	-
G 120	75	25	0	0	-
G 121	25	0	0	0	-
G 122	0	0	0	0	-
G 123	25	0	0	0	-
G 124	25	0	0	25	-
G 125	25	0	0	0	-
G 126	25	0	50	0	-
G 127	25	50	0	0	-
G 128	0	0	0	0	-
G 129	0	0	0	0	-
G 130	0	0	0	0	-
G 131	200	25	0	0	-
G 132	25	0	0	0	-
G 133	50	25	0	0	-
G 134	100	0	0	0	-
G 135	0	25	0	0	-

[1] Eier pro Gramm Kot
[2] + = positiv, - = negativ

Lfd.Nr.	Magen-Darm-Strongyliden-EpG[1]	*Nematodirus/ Marshallagia*-EpG	*Trichuris*-EpG	*Capillaria*-EpG	*Moniezia*-Eier (Nachweis)[2]
G 136	0	0	0	0	-
G 137	0	0	0	0	-
G 138	100	0	0	0	-
G 139	0	0	0	0	-
G 140	0	0	0	0	-
G 141	25	0	0	0	-
G 142	25	0	0	0	-
G 143	0	0	0	0	-
G 144	175	0	0	0	-
G 145	25	0	0	0	-
G 146	0	0	0	0	-
G 147	0	0	0	0	-
G 148	25	0	0	0	-
G 149	0	0	0	0	+
G 150	100	0	0	0	-
G 151	50	0	0	0	-
G 152	75	50	0	0	-
G 153	25	25	0	0	-
G 154	0	50	0	0	-
G 155	200	0	0	0	-
G 156	0	0	0	0	-
G 157	0	0	0	0	-
G 158	25	0	0	0	-
G 159	0	0	0	0	-
G 160	75	0	0	25	-
G 161	25	0	0	0	-
G 162	0	0	0	0	-
G 163	0	0	0	0	-
G 164	0	0	0	0	-
G 165	0	25	0	0	-
G 166	0	0	0	0	+
G 167	175	0	0	0	-
G 168	0	0	175	0	-
G 169	25	0	0	0	-
G 170	200	0	0	0	-
G 171	3675	25	125	0	-
G 172	125	0	0	0	-
G 173	0	0	0	0	-
G 174	300	25	0	0	-
G 175	100	0	0	0	-
G 176	75	0	0	0	-
G 177	575	0	0	0	-
G 178	75	0	0	0	-
G 179	50	0	0	0	-
G 180	750	0	0	0	-

[1] Eier pro Gramm Kot
[2] + = positiv, - = negativ

Tab. A2 (Fortsetzung): Ergebnisse der koproskopischen Untersuchung (Enddarmkot)

Lfd.Nr.	Magen-Darm-Strongyliden-EpG[1]	*Nematodirus/ Marshallagia*-EpG	*Trichuris*-EpG	*Capillaria*-EpG	*Moniezia*-Eier (Nachweis)[2]
G 181	100	0	0	0	-
G 182	25	0	0	0	-
G 183	175	0	0	0	-
G 184	150	0	0	0	+
G 185	0	0	0	0	-
G 186	175	0	0	0	+
G 187	75	25	0	0	-
G 188	75	50	0	0	-
G 189	500	25	0	0	-
G 190	250	0	0	0	-
G 191	50	125	0	0	-
G 192	50	125	0	0	+
G 193	25	0	0	0	-
G 194	25	0	0	0	-
G 195	175	0	0	0	-
G 196	100	25	25	0	-
G 197	0	0	0	0	-
G 198	25	0	50	0	-
G 199	125	25	25	0	-
G 200	50	25	0	0	-
G 201	125	0	0	0	-
G 202	25	0	0	0	-
G 203	700	0	0	0	+
G 204	0	50	0	0	+
G 205	925	50	0	0	-
G 206	75	0	0	0	-
G 207	725	0	0	0	-
G 208	0	0	0	0	-
G 209	75	0	0	0	-
G 210	25	0	0	0	+
G 211	0	0	25	0	-
G 212	0	0	25	0	-
G 213	125	25	0	0	-
G 214	125	0	0	0	-
G 215	75	0	0	0	-
G 216	225	0	0	0	-
G 217	75	0	0	0	-
G 218	50	75	25	0	-
G 219	25	0	0	0	-
G 220	0	0	0	0	-
G 221	0	0	0	0	-
G 222	0	0	0	0	-
G 223	100	0	0	0	-

[1] Eier pro Gramm Kot
[2] + = positiv, - = negativ

Tab A3: Ergebnisse der parasitologischen Sektion – Labmagen

Lfd.Nr.	*Haemonchus contortus*	*Marshallagia marshalli*	*Grosspicula occidentalis*	*Ostertagia circumcincta*	*Ostertagia pinnata*	*Ostertagia trifurcata*	*Ostertagia leptospicularis*	*Skrjabinagia kolchida*	*Spiculopteragia boehmi*	*Rinadia mathevossiani*	*Ostertagia ostertagi*	*Trichostrongylus axei*	*Haemonchus contortus* L4[1]	Ostertagiinae, L4	*Trichostrongylus* spp. L4	Gesamtwurmbürde - Labmagen
G1	15	0	0	235	15	35	0	0	15	0	0	10	0	5	0	330
G2	5	15	0	275	50	50	0	0	0	0	25	35	0	15	0	470
G3	150	0	0	305	85	170	0	0	0	0	0	20	0	0	0	730
G4	10	0	0	660	150	150	0	0	0	0	0	0	0	30	0	1000
G5	0	20	0	510	150	70	0	10	0	0	0	0	0	15	0	775
G6	135	0	0	85	0	30	0	0	0	0	0	0	0	15	0	265
G7	135	195	25	570	265	210	0	0	0	0	0	0	0	65	0	1465
G8	10	30	15	460	30	140	0	0	0	0	0	115	0	190	0	990
G9	5	105	30	235	15	0	15	0	0	0	0	25	0	20	0	450
G10	0	60	60	200	15	0	0	0	0	0	0	0	0	5	0	340
G11	0	0	0	95	0	15	0	0	0	0	0	20	0	0	0	130
G12	15	75	15	330	0	195	0	0	0	0	0	0	0	85	15	730
G13	35	0	25	485	115	165	0	0	0	0	0	50	0	15	10	900
G14	45	0	0	75	30	30	0	0	20	0	0	0	0	0	0	200
G15	85	70	0	1200	420	680	10	0	70	0	0	80	0	0	0	2615
G16	20	95	10	740	125	300	0	0	25	0	0	60	0	60	0	1435
G17	0	615	185	105	25	95	0	0	0	0	0	0	0	25	0	1050
G18	5	0	0	230	120	60	0	0	25	0	0	0	0	5	0	445
G19	105	0	0	1150	240	250	0	0	10	0	0	45	10	110	0	1920
G20	0	275	195	275	60	100	0	0	0	0	0	0	0	15	0	920
G21	0	15	0	690	80	80	0	0	0	0	0	0	0	60	0	925
G22	0	345	95	140	95	0	0	0	0	0	0	15	0	15	0	705
G23	0	100	25	465	85	85	0	0	0	0	0	0	0	30	0	790
G24	15	10	0	270	90	160	0	0	0	0	0	0	0	0	0	545
G25	0	80	0	295	105	70	0	0	0	0	0	0	0	5	0	555
G26	5	15	15	225	55	55	0	0	0	0	0	0	0	5	0	375
G27	220	60	0	190	95	35	0	0	0	0	0	0	0	5	0	605
G28	35	25	0	1020	65	225	0	0	15	0	0	185	0	0	0	1570
G29	5	0	0	185	65	25	0	15	15	0	0	0	0	5	0	315
G30	0	25	10	770	165	95	0	0	0	0	0	0	0	0	0	1065
G31	10	120	10	375	75	35	0	0	0	0	0	15	0	15	0	655
G32	65	75	50	150	25	75	0	0	0	0	0	45	0	0	0	485
G33	0	30	15	135	0	45	0	0	0	0	0	0	0	15	0	240
G34	90	485	65	550	175	200	0	0	0	0	0	20	0	65	0	1650
G35	0	65	25	330	0	0	15	0	0	0	0	0	10	125	0	570
G36	10	270	25	75	50	40	0	0	0	0	0	90	0	5	0	565
G37	5	0	0	260	75	25	25	0	0	0	0	0	0	25	0	415
G38	20	35	0	240	35	35	20	0	0	0	0	30	5	30	0	450
G39	75	70	30	375	160	30	30	15	145	0	0	40	0	10	0	980
G40	100	45	0	70	0	45	0	0	0	0	0	0	0	20	0	280
G41	20	30	0	390	100	115	0	0	0	0	0	0	0	10	0	665
G42	0	0	0	70	0	35	0	0	0	0	0	35	0	0	0	140
G43	0	0	0	55	20	35	0	0	0	0	0	0	0	0	0	110
G44	5	0	0	60	45	30	0	0	0	0	0	10	0	10	0	160
G45	0	0	0	100	10	25	0	0	0	0	0	0	0	5	0	140

[1] histotrope Larven 4

Tab A3 (Fortsetzung): Ergebnisse der parasitologischen Sektion – Labmagen

Lfd.Nr.	*Haemonchus contortus*	*Marshallagia marshalli*	*Grosspiculagia occidentalis*	*Ostertagia circumcincta*	*Ostertagia pinnata*	*Ostertagia trifurcata*	*Ostertagia leptospicularis*	*Skrjabinagia kolchida*	*Spiculopteragia boehmi*	*Rinadia mathevossiani*	*Ostertagia ostertagi*	*Trichostrongylus axei*	*Haemonchus contortus* L4[1]	Ostertagiinae, L4	*Trichostrongylus* spp. L4	Gesamtwurmbürde - Labmagen
G46	0	80	10	220	35	60	0	0	0	0	0	105	0	0	0	510
G47	50	90	35	85	165	35	0	0	0	0	0	0	0	20	0	480
G48	55	130	40	1040	200	345	10	0	10	0	0	0	0	35	0	1865
G49	75	175	60	150	70	70	0	0	35	0	0	50	0	5	0	690
G50	0	180	90	170	50	0	0	0	0	0	0	25	0	0	10	525
G51	5	25	0	455	65	50	15	0	15	0	0	0	0	30	0	660
G52	0	50	0	820	70	135	0	0	10	0	0	0	0	20	0	1105
G53	35	215	70	285	55	85	0	15	0	0	0	35	0	30	0	825
G54	0	185	25	305	65	55	0	0	0	0	0	0	0	5	0	640
G55	0	10	0	0	10	0	0	0	0	0	0	0	0	0	0	20
G56	0	360	130	430	85	60	160	0	0	0	0	0	0	0	0	1225
G57	0	410	105	525	105	0	0	0	0	0	0	0	0	415	0	1560
G58	0	500	185	590	0	0	0	0	0	0	0	0	0	215	0	1490
G59	0	35	0	920	35	90	195	0	0	0	0	20	0	25	0	1320
G60	0	0	60	140	0	0	0	0	0	0	0	0	0	105	0	305
G61	160	75	0	625	10	75	0	0	0	0	0	15	0	0	0	960
G62	5	80	10	915	280	220	10	0	120	0	0	75	0	0	0	1715
G63	5	165	30	125	85	15	0	0	0	0	0	0	0	10	0	435
G64	0	220	220	545	75	135	10	0	0	0	0	5	0	75	0	1285
G65	5	80	0	295	25	55	0	0	0	0	0	0	0	30	15	505
G66	0	505	240	860	80	130	0	0	0	0	0	5	0	105	0	1925
G67	20	60	45	265	60	75	15	0	0	0	0	20	0	100	0	660
G68	40	155	30	450	0	20	0	0	0	0	0	0	0	80	10	785
G69	5	170	30	170	0	15	0	0	15	0	0	20	0	5	0	430
G70	0	35	15	345	100	50	35	0	0	0	0	0	0	20	0	600
G71	5	150	115	615	95	60	0	0	25	0	0	0	0	35	0	1100
G72	0	365	110	95	10	0	10	0	0	0	0	0	0	15	0	605
G73	5	45	45	0	0	0	0	0	0	0	0	15	0	150	0	260
G74	0	60	0	75	0	0	135	0	0	0	0	15	0	45	0	330
G75	0	50	0	60	30	20	10	10	10	0	0	0	0	0	0	190
G76	45	160	35	485	35	60	0	0	10	0	0	205	0	15	0	1050
G77	475	130	0	100	45	0	0	0	0	0	0	1335	20	30	10	2145
G78	70	105	70	705	80	25	0	0	10	10	0	140	20	0	85	1320
G79	0	215	15	415	15	0	0	0	0	0	0	0	0	10	0	670
G80	0	890	335	160	30	50	0	0	0	0	0	0	0	45	0	1510
G81	0	1650	545	885	25	40	0	0	0	0	0	0	0	55	0	3200
G82	25	170	15	350	85	125	0	0	0	0	0	360	0	5	0	1135
G83	5	225	15	0	15	0	0	0	0	0	0	0	0	10	10	280
G84	30	765	190	595	145	180	0	0	130	0	0	190	0	415	0	2640
G85	5	730	160	330	30	10	10	0	0	0	0	0	0	180	10	1465
G86	0	845	200	85	0	30	0	0	0	0	0	5	0	35	0	1200
G87	5	220	35	255	65	100	10	0	0	0	0	90	0	130	30	940
G88	0	215	75	410	45	135	30	0	30	0	0	0	0	170	0	1110
G89	0	0	15	255	80	30	0	0	0	0	0	25	0	45	0	450
G90	0	210	80	360	0	0	0	0	0	0	0	15	0	45	0	710

[1] histotrope Larven 4

Tab A3 (Fortsetzung): Ergebnisse der parasitologischen Sektion – Labmagen

Lfd.Nr.	*Haemonchus contortus*	*Marshallagia marshalli*	*Grosspiculagia occidentalis*	*Ostertagia circumcincta*	*Ostertagia pinnata*	*Ostertagia trifurcata*	*Ostertagia leptospicularis*	*Skrjabinagia kolchida*	*Spiculopteragia boehmi*	*Rinadia mathevossiani*	*Ostertagia ostertagi*	*Trichostrongylus axei*	*Haemonchus contortus* L4[1]	Ostertagiinae, L4	*Trichostrongylus* spp. L4	Gesamtwurmbürde - Labmagen
G91	0	580	120	235	35	10	0	0	20	10	0	0	0	25	0	1035
G92	0	825	375	515	40	15	0	0	40	0	0	0	0	40	0	1850
G93	0	255	175	80	0	0	15	0	15	0	0	0	0	0	0	540
G94	0	425	145	225	25	0	0	15	105	40	0	0	0	35	0	1015
G95	0	195	1145	275	0	20	0	5	540	0	0	0	0	25	0	2205
G96	20	0	0	500	25	15	0	15	25	0	0	185	0	0	0	785
G97	260	320	230	885	55	135	80	0	15	0	765	1235	75	435	0	4490
G98	0	240	75	495	50	85	0	0	0	0	0	15	0	105	10	1075
G99	90	230	100	200	15	15	0	0	0	0	0	280	0	65	15	1010
G100	105	470	95	510	85	95	55	20	115	10	0	0	0	115	0	1675
G101	0	585	235	575	55	35	0	0	0	0	0	0	0	200	0	1685
G102	0	1830	505	130	35	0	0	0	0	0	0	0	0	10	0	2510
G103	10	310	70	270	40	0	0	0	0	0	0	0	5	360	0	1065
G104	0	120	15	90	15	45	0	0	0	0	0	1070	0	150	0	1505
G105	0	815	315	245	0	0	0	0	0	0	0	0	0	285	0	1660
G106	15	850	285	315	45	0	0	45	60	0	0	15	0	105	0	1735
G107	0	235	115	370	85	0	0	0	0	0	0	0	0	0	0	805
G108	0	1270	405	360	0	0	0	0	0	0	0	30	0	50	0	2115
G109	0	2015	30	15	0	0	0	0	0	0	0	0	0	125	0	2185
G110	45	1545	670	955	30	80	0	0	45	0	0	35	25	235	0	3665
G111	5	1120	340	545	50	25	0	0	0	0	0	0	0	45	0	2130
G112	5	25	15	180	0	0	0	0	0	0	0	10	0	20	0	255
G113	0	3145	750	380	0	0	0	0	0	0	0	0	0	365	0	4640
G114	10	610	110	230	70	55	0	0	15	0	0	270	15	65	0	1450
G115	0	425	75	130	0	0	0	0	0	0	0	10	0	55	0	695
G116	5	110	0	275	0	0	0	0	0	0	0	185	0	35	5	615
G117	0	525	140	305	30	0	0	30	165	0	0	10	0	15	0	1220
G118	0	190	45	75	0	0	0	0	0	0	0	40	0	0	0	350
G119	5	300	135	330	70	0	0	0	80	0	0	55	0	10	0	985
G120	25	1495	350	160	30	0	0	0	65	0	0	10	0	415	0	2550
G121	0	5	0	5	0	0	0	0	0	0	0	25	0	0	0	35
G122	0	1685	695	620	75	0	0	0	0	0	0	10	0	45	0	3130
G123	0	110	55	190	0	0	0	0	80	0	0	5	5	25	0	470
G124	5	120	0	180	20	0	0	0	200	0	0	0	0	30	0	555
G125	0	140	0	470	50	0	0	0	65	0	0	0	0	15	0	740
G126	0	45	0	0	0	0	25	0	25	25	0	0	0	0	0	120
G127	0	30	0	475	40	0	0	0	30	0	0	0	0	10	0	585
G128	0	100	0	100	0	0	0	0	15	15	0	0	0	10	0	240
G129	5	55	55	655	55	30	0	0	100	0	0	25	0	55	0	1035
G130	40	0	200	105	5	0	0	5	40	5	0	0	5	30	0	435
G131	195	145	0	735	70	115	0	0	130	0	0	30	0	15	0	1435
G132	0	165	15	105	60	0	0	0	0	0	0	0	0	0	0	345
G133	0	185	20	185	0	0	0	0	20	0	0	310	5	10	0	735
G134	105	150	0	50	50	0	0	15	35	0	0	15	0	0	0	420
G135	0	115	15	155	0	0	0	0	30	15	0	0	0	0	0	330

[1] histotrope Larven 4

Tab A3 (Fortsetzung): Ergebnisse der parasitologischen Sektion – Labmagen

Lfd.Nr.	*Haemonchus contortus*	*Marshallagia marshalli*	*Grosspiculagia occidentalis*	*Ostertagia circumcincta*	*Ostertagia pinnata*	*Ostertagia trifurcata*	*Ostertagia leptospicularis*	*Skrjabinagia kolchida*	*Spiculopteragia boehmi*	*Rinadia mathevossiani*	*Ostertagia ostertagi*	*Trichostrongylus axei*	*Haemonchus contortus* L4[1]	Ostertagiinae, L4	Trichostrongylus spp. L4	Gesamtwurmbürde - Labmagen
G136	10	585	60	225	60	15	45	0	285	0	0	0	0	5	0	1290
G137	0	680	205	265	0	0	0	0	0	0	0	0	0	155	0	1305
G138	80	120	0	50	0	0	0	10	315	0	0	0	35	50	0	660
G139	0	615	25	90	55	0	0	0	25	0	0	0	0	55	0	865
G140	0	385	0	0	0	0	0	30	45	0	0	90	0	205	0	755
G141	0	715	250	395	55	15	0	0	40	0	0	15	0	285	15	1785
G142	20	55	0	75	10	0	0	10	305	20	0	50	10	15	0	570
G143	0	740	170	140	100	15	0	0	0	0	0	0	0	20	0	1185
G144	0	720	215	240	35	0	0	0	10	0	0	0	0	50	0	1270
G145	5	1720	970	590	295	85	0	0	15	0	0	15	0	35	0	3730
G146	0	1000	320	195	15	15	0	0	0	0	0	0	0	155	0	1700
G147	20	1210	190	395	45	35	10	20	65	0	0	0	0	265	0	2255
G148	0	615	300	270	85	0	0	0	0	0	0	0	0	615	0	1885
G149	0	205	40	0	0	0	0	0	0	0	0	0	0	0	0	245
G150	0	375	60	0	0	0	0	0	0	0	0	880	0	20	0	1335
G151	5	265	50	165	0	0	0	25	0	0	0	40	0	55	0	605
G152	0	790	325	325	0	60	0	0	25	0	0	0	0	670	0	2195
G153	0	950	250	315	25	55	0	0	0	0	0	15	0	60	0	1670
G154	0	705	285	495	10	60	0	0	0	0	0	0	0	45	0	1600
G155	90	725	95	800	25	120	0	0	75	0	0	0	10	185	0	2125
G156	0	465	105	485	75	20	0	0	0	0	0	0	0	80	0	1230
G157	0	100	50	0	0	0	0	0	85	0	0	50	0	25	0	310
G158	0	15	0	70	0	30	0	0	0	0	0	0	0	15	0	130
G159	0	645	165	40	0	0	0	0	0	0	0	0	0	10	0	860
G160	5	290	45	310	80	110	110	10	145	0	0	145	0	40	0	1290
G161	5	665	235	120	0	0	15	0	15	0	0	210	10	75	0	1350
G162	10	610	290	165	0	0	0	0	30	0	0	170	0	65	0	1340
G163	5	65	0	140	30	0	0	0	250	0	0	0	0	0	0	490
G164	0	140	15	210	55	0	0	55	225	0	0	110	0	20	0	830
G165	0	645	125	590	15	30	0	0	0	0	0	0	0	5	0	1410
G166	0	920	215	385	0	25	0	0	0	0	0	0	0	55	0	1600
G167	0	325	110	450	25	10	35	0	35	0	0	0	0	25	0	1015
G168	0	790	310	220	50	0	0	0	0	15	0	0	0	25	0	1410
G169	0	260	40	645	40	40	0	15	170	0	0	15	0	370	0	1595
G170	75	335	50	295	10	60	0	0	50	0	0	5	0	5	0	885
G171	675	570	55	885	0	155	115	30	285	0	0	75	0	215	0	3060
G172	60	155	0	255	60	0	0	0	85	0	0	0	25	210	0	850
G173	10	0	0	140	0	0	0	0	0	0	0	0	0	70	0	220
G174	95	245	35	915	35	0	60	25	205	10	0	0	0	285	0	1910
G175	100	0	0	200	70	60	0	0	15	0	0	40	0	50	0	535
G176	40	0	0	100	60	0	20	0	0	0	0	80	5	35	5	345
G177	315	0	0	1575	0	220	0	0	15	0	0	0	25	110	0	2260
G178	75	15	0	695	70	140	0	0	0	0	0	20	0	0	0	1015
G179	10	0	0	15	5	0	0	0	0	0	0	100	0	0	0	130
G180	75	0	0	55	0	25	0	0	0	10	0	0	0	0	0	165

[1] histotrope Larven 4

Tab A3 (Fortsetzung): Ergebnisse der parasitologischen Sektion – Labmagen

Lfd.Nr.	*Haemonchus contortus*	*Marshallagia marshalli*	*Grosspiculagia occidentalis*	*Ostertagia circumcincta*	*Ostertagia pinnata*	*Ostertagia trifurcata*	*Ostertagia leptospicularis*	*Skrjabinagia kolchida*	*Spiculopteragia boehmi*	*Rinadia mathevossiani*	*Ostertagia ostertagi*	*Trichostrongylus axei*	*Haemonchus contortus* L4[1]	Ostertagiinae, L4	*Trichostrongylus* spp. L4	Gesamtwurmbürde - Labmagen
G181	75	0	0	105	0	0	0	0	0	0	0	30	0	10	0	220
G182	0	395	170	275	35	105	0	0	35	0	0	0	0	10	0	1025
G183	45	0	0	30	0	0	0	15	15	0	0	130	0	5	0	240
G184	25	0	0	30	0	15	0	0	15	0	0	20	15	0	0	120
G185	5	0	0	0	0	0	0	0	0	0	0	70	0	0	0	75
G186	60	0	0	160	70	0	0	0	0	0	0	20	0	20	0	330
G187	20	0	0	220	0	0	35	0	0	15	0	0	0	0	0	290
G188	15	0	0	0	0	0	0	10	25	0	0	215	0	5	0	270
G189	120	0	0	440	45	0	0	0	60	0	0	80	20	255	10	1030
G190	65	0	0	230	10	10	0	0	20	10	0	70	5	25	0	445
G191	10	565	290	130	0	15	70	0	0	0	0	15	0	0	0	1095
G192	5	555	220	335	0	20	0	30	40	0	0	15	10	55	5	1290
G193	10	0	0	40	0	0	0	0	0	0	0	0	10	5	0	65
G194	0	0	0	0	0	0	0	0	0	0	0	1025	0	0	0	1025
G195	5	0	0	150	0	0	0	0	25	0	0	0	5	10	0	195
G196	60	0	0	565	0	0	130	55	20	0	0	65	0	35	20	950
G197	5	0	0	5	0	0	0	0	0	0	0	15	0	0	0	25
G198	10	0	0	135	45	0	0	0	75	0	0	0	0	5	0	270
G199	20	0	0	35	75	0	0	0	20	0	0	15	0	15	0	180
G200	20	0	0	220	0	0	0	0	40	0	0	50	0	20	5	355
G201	10	0	0	225	0	50	10	0	85	0	0	155	0	65	0	600
G202	20	405	170	235	0	15	0	0	0	0	0	50	0	10	0	905
G203	190	0	0	215	40	50	25	0	0	0	0	60	0	0	0	580
G204	25	0	0	260	40	30	0	0	0	0	0	0	0	0	0	355
G205	90	0	0	155	0	0	10	0	20	0	0	35	0	0	0	310
G206	55	0	0	0	0	0	0	0	0	0	0	0	0	0	0	55
G207	85	0	0	590	0	0	0	0	155	35	0	0	0	0	0	865
G208	0	0	0	65	5	0	0	0	15	0	0	0	0	0	0	85
G209	0	0	0	60	0	0	0	0	0	0	0	0	0	0	0	60
G210	15	0	0	385	0	15	0	0	15	15	0	0	0	0	0	445
G211	5	0	0	30	0	0	0	0	0	0	0	0	0	5	0	40
G212	0	0	0	55	0	0	0	0	0	0	0	0	0	0	0	55
G213	0	0	0	85	0	10	0	0	10	0	0	0	0	0	0	105
G214	105	0	0	0	0	0	0	0	0	0	0	0	25	0	0	130
G215	10	0	0	50	0	25	25	0	0	0	0	0	0	0	0	110
G216	25	0	0	70	0	0	0	0	85	0	0	45	0	15	0	240
G217	10	0	0	55	0	0	0	0	0	0	0	0	0	0	0	65
G218	25	0	0	35	0	0	15	35	15	0	0	15	0	25	0	165
G219	20	0	0	0	0	0	0	0	0	0	0	190	0	0	25	235
G220	0	0	0	80	0	0	0	15	15	0	0	0	0	0	0	110
G221	0	0	0	25	0	15	0	0	0	0	0	0	0	0	0	40
G222	0	0	0	30	0	0	0	0	0	0	0	15	0	0	0	45
G223	35	0	0	1200	15	40	0	15	110	0	0	45	0	0	0	1460

[1] histotrope Larven 4

Tab. A3 (Fortsetzung): Ergebnisse der parasitologischen Sektionen – Dünndarm, Nematoden

Lfd.Nr.	*Trichostrongylus capricola*	*Trichostrongylus colubriformis*	*Trichostrongylus longispicularis*	*Trichostrongylus vitrinus*	*Nematodirus battus*	*Nematodirus europaeus*	*Nematodirus filicollis*	*Nematodirus helvetianus*	*Nematodirus rupicaprae*	*Cooperia oncophora*	*Cooperia pectinata*	*Cooperia punctata*	*Capillaria bovis*	Gesamtwurmbürde - Dünndarm
G1	0	0	0	0	45	0	0	0	0	0	0	0	0	45
G2	10	0	0	10	0	0	120	0	0	0	0	0	0	140
G3	0	0	0	0	0	0	10	0	0	0	0	0	5	15
G4	0	0	0	0	0	0	5	0	0	50	0	0	0	55
G5	0	0	0	0	0	0	0	0	0	0	0	0	0	0
G6	0	0	0	5	0	0	400	0	0	0	0	0	0	405
G7	20	0	0	0	0	0	0	0	0	0	0	0	0	20
G8	0	0	0	15	0	0	45	0	0	0	0	5	0	65
G9	75	0	10	10	10	0	100	0	10	0	0	0	0	215
G10	15	10	0	25	40	0	0	0	0	0	0	0	5	95
G11	0	0	0	5	0	0	0	0	0	0	0	0	0	5
G12	30	0	0	30	0	0	25	0	0	0	0	0	0	85
G13	0	0	0	0	205	0	65	0	0	0	0	0	0	270
G14	0	0	0	0	10	0	0	0	0	0	0	0	0	10
G15	0	0	0	0	0	0	10	0	0	0	0	0	0	10
G16	60	0	0	0	50	0	175	0	0	0	0	0	0	285
G17	0	0	0	0	430	0	0	0	0	0	0	0	0	430
G18	20	0	0	0	0	0	115	0	0	0	0	0	0	135
G19	55	0	0	0	20	0	95	0	0	0	0	0	0	170
G20	0	0	0	0	0	0	0	0	0	0	0	0	25	25
G21	0	0	0	0	0	0	15	0	0	0	0	0	5	20
G22	0	0	0	0	0	0	0	0	0	0	0	0	0	0
G23	5	0	0	0	35	0	0	0	0	0	0	0	0	40
G24	0	0	0	0	10	0	0	0	0	0	0	0	5	15
G25	0	0	0	0	0	0	20	0	0	0	0	0	0	20
G26	0	0	0	5	0	0	10	0	0	0	0	0	0	15
G27	0	0	0	0	0	0	0	0	0	0	0	0	5	5
G28	0	0	0	0	0	0	0	0	0	0	0	0	5	5
G29	0	0	0	0	0	0	35	0	0	0	0	0	0	35
G30	15	0	0	5	0	0	15	0	0	0	0	0	5	40
G31	0	0	0	0	0	0	0	0	0	0	0	0	0	0
G32	0	90	0	35	65	0	20	0	0	0	0	0	0	210
G33	55	0	0	20	10	0	0	0	0	0	0	0	0	85
G34	0	0	0	0	0	0	0	0	0	0	0	0	5	5
G35	45	5	0	5	15	0	15	0	0	0	0	0	5	90
G36	0	0	0	0	0	0	0	0	0	0	0	0	5	5
G37	0	0	0	0	0	0	45	0	0	0	0	0	0	45
G38	0	0	0	0	0	0	30	0	0	0	0	0	5	35
G39	75	0	0	0	15	0	50	0	0	0	0	0	0	140
G40	40	0	0	0	10	0	0	0	0	0	0	0	5	55
G41	0	0	0	0	0	0	20	0	0	0	0	0	0	20
G42	0	0	0	0	0	0	0	0	0	0	0	0	0	0
G43	0	0	0	0	0	0	10	0	0	0	0	0	0	10
G44	0	0	0	0	0	0	0	0	0	0	0	0	0	0
G45	0	0	0	0	0	0	20	0	0	0	0	0	0	20

Tab. A3 (Fortsetzung): Ergebnisse der parasitologischen Sektionen – Dünndarm, Nematoden

Lfd.Nr.	*Trichostrongylus capricola*	*Trichostrongylus colubriformis*	*Trichostrongylus longispicularis*	*Trichostrongylus vitrinus*	*Nematodirus battus*	*Nematodirus europaeus*	*Nematodirus filicollis*	*Nematodirus helvetianus*	*Nematodirus rupicaprae*	*Cooperia oncophora*	*Cooperia pectinata*	*Cooperia punctata*	*Capillaria bovis*	Gesamtwurmbürde - Dünndarm
G46	55	0	0	0	0	0	0	0	0	0	0	0	0	55
G47	0	0	0	0	0	0	0	0	0	0	0	0	0	0
G48	0	0	0	0	0	0	305	0	0	0	0	0	0	305
G49	0	15	0	15	0	0	0	0	0	0	0	0	0	30
G50	0	0	0	15	0	0	0	0	0	0	0	0	5	20
G51	15	0	0	10	0	0	5	0	0	0	0	0	5	35
G52	0	0	0	10	0	0	0	0	20	0	0	0	0	30
G53	0	0	0	80	0	0	0	0	0	0	0	0	10	90
G54	30	0	0	0	0	0	25	0	0	0	0	0	0	55
G55	0	0	0	0	0	0	0	0	5	0	0	0	0	5
G56	10	0	0	0	0	0	0	0	0	0	0	0	0	10
G57	0	0	0	0	0	0	50	0	35	0	0	0	0	85
G58	60	0	0	0	0	0	30	0	0	0	0	0	5	95
G59	100	0	0	0	0	0	5	0	20	0	0	0	20	145
G60	0	0	0	0	0	0	0	0	0	0	0	0	0	0
G61	0	0	0	0	0	0	0	0	0	0	0	0	5	5
G62	0	0	0	0	0	0	0	0	0	0	0	0	5	5
G63	0	0	0	0	0	0	0	0	0	0	0	0	0	0
G64	0	0	0	0	0	0	0	0	0	0	0	0	5	5
G65	5	0	0	0	0	0	90	0	0	0	0	120	0	215
G66	0	0	0	0	0	0	0	0	0	0	0	0	0	0
G67	30	0	0	0	0	0	175	0	0	0	0	0	5	210
G68	25	0	0	55	0	0	5	0	0	0	0	0	5	90
G69	0	0	0	0	20	0	0	0	0	0	0	0	20	40
G70	5	0	0	0	0	0	110	0	0	0	0	0	0	115
G71	0	0	0	0	0	0	75	0	0	0	5	0	0	80
G72	0	0	0	0	0	0	0	0	0	0	0	0	5	5
G73	0	0	0	0	0	0	0	0	0	0	0	0	5	5
G74	0	5	0	5	0	0	105	5	0	50	0	10	0	180
G75	0	0	0	0	0	0	5	0	0	0	0	0	0	5
G76	60	65	0	0	0	0	320	0	0	0	0	0	0	445
G77	60	155	0	135	40	0	95	0	0	0	0	0	20	505
G78	0	0	0	0	0	0	0	0	0	0	0	0	5	5
G79	10	0	0	0	15	0	60	0	0	0	0	0	0	85
G80	0	0	0	0	0	0	50	0	0	0	0	0	5	55
G81	0	0	0	0	0	0	0	0	0	0	0	0	10	10
G82	0	25	15	260	0	0	0	0	0	0	0	0	5	305
G83	0	0	0	0	70	0	0	0	0	0	0	0	5	75
G84	0	0	0	0	0	0	0	0	0	0	0	0	5	5
G85	0	0	0	0	0	0	0	0	0	0	0	0	0	0
G86	0	0	0	0	25	0	0	0	0	0	0	0	0	25
G87	0	0	0	0	0	0	0	0	0	0	0	0	5	5
G88	30	0	0	0	0	0	170	0	0	0	0	0	0	200
G89	60	0	0	0	0	0	0	0	0	0	0	0	0	60
G90	0	0	0	0	0	0	35	0	0	0	0	0	0	35

Tab. A3 (Fortsetzung): Ergebnisse der parasitologischen Sektionen – Dünndarm, Nematoden

Lfd.Nr.	*Trichostrongylus capricola*	*Trichostrongylus colubriformis*	*Trichostrongylus longispicularis*	*Trichostrongylus vitrinus*	*Nematodirus battus*	*Nematodirus europaeus*	*Nematodirus filicollis*	*Nematodirus helvetianus*	*Nematodirus rupicaprae*	*Cooperia oncophora*	*Cooperia pectinata*	*Cooperia punctata*	*Capillaria bovis*	Gesamtwurmbürde - Dünndarm
G91	0	0	0	0	0	0	0	0	0	0	0	0	20	20
G92	0	0	0	0	0	0	30	0	15	0	0	0	5	50
G93	0	0	0	0	0	0	15	0	0	0	0	0	0	15
G94	0	0	0	0	0	0	0	0	0	0	0	0	5	5
G95	0	0	0	0	85	0	0	0	0	0	0	0	10	95
G96	290	100	0	0	0	0	0	0	0	0	0	0	0	390
G97	0	15	0	0	105	0	815	0	0	0	0	0	5	940
G98	0	0	0	0	0	0	515	0	0	0	0	0	5	520
G99	60	0	0	0	0	0	0	0	0	0	0	0	10	70
G100	180	10	0	10	75	0	40	0	0	0	0	0	0	315
G101	0	0	0	0	5	0	510	0	70	0	0	0	0	585
G102	0	0	0	0	0	0	190	0	0	0	0	0	0	190
G103	0	40	0	0	0	0	155	0	0	0	0	0	5	200
G104	0	0	0	0	0	0	0	0	0	0	0	0	25	25
G105	0	0	0	60	0	0	130	0	0	0	0	0	0	190
G106	0	0	0	0	0	0	320	0	0	0	0	0	10	330
G107	25	0	0	25	0	0	95	0	0	0	0	0	20	165
G108	0	0	0	0	0	0	0	0	0	0	0	0	5	5
G109	0	0	0	0	0	0	20	0	0	0	0	0	5	25
G110	0	0	0	0	0	0	0	0	0	0	0	0	35	35
G111	0	0	0	0	0	0	0	0	0	0	0	0	0	0
G112	0	0	0	0	0	0	0	0	0	0	0	0	5	5
G113	0	0	0	0	0	0	15	0	0	0	0	0	15	30
G114	0	5	0	0	65	0	825	0	0	0	0	0	0	895
G115	0	0	0	0	0	0	0	0	0	0	0	0	0	0
G116	0	0	0	0	25	0	330	0	0	0	0	0	0	355
G117	0	0	0	0	0	0	0	0	0	0	0	0	0	0
G118	65	100	0	0	0	0	35	0	0	0	0	0	0	200
G119	85	0	0	10	0	0	0	0	0	0	0	0	20	115
G120	0	0	0	0	0	0	0	0	0	0	0	0	5	5
G121	0	0	0	0	0	0	0	0	0	0	0	0	5	5
G122	40	0	0	0	0	0	75	0	0	0	0	0	10	125
G123	0	0	0	0	0	0	0	0	0	0	0	0	10	10
G124	0	0	0	0	0	0	0	0	0	0	0	0	25	25
G125	0	0	0	0	0	0	125	0	0	0	0	0	0	125
G126	0	0	0	0	0	0	270	0	0	0	0	0	5	275
G127	0	0	0	0	25	0	270	0	0	0	0	0	5	300
G128	0	0	0	35	0	0	0	0	0	0	0	0	20	55
G129	0	0	0	0	0	0	0	0	0	0	0	0	10	10
G130	10	0	0	25	0	0	230	0	10	0	0	0	0	275
G131	70	0	0	110	0	0	55	0	0	0	0	0	0	235
G132	5	0	0	0	0	0	110	0	0	0	0	0	0	115
G133	0	0	0	0	170	0	55	0	0	0	0	0	0	225
G134	0	0	0	0	0	0	0	0	0	0	0	0	10	10
G135	0	0	0	0	0	0	105	0	0	0	0	0	5	110

Tab. A3 (Fortsetzung): Ergebnisse der parasitologischen Sektionen – Dünndarm, Nematoden

Lfd.Nr.	*Trichostrongylus capricola*	*Trichostrongylus colubriformis*	*Trichostrongylus longispicularis*	*Trichostrongylus vitrinus*	*Nematodirus battus*	*Nematodirus europaeus*	*Nematodirus filicollis*	*Nematodirus helvetianus*	*Nematodirus rupicaprae*	*Cooperia oncophora*	*Cooperia pectinata*	*Cooperia punctata*	*Capillaria bovis*	Gesamtwurmbürde - Dünndarm
G136	0	0	0	0	0	0	0	0	0	0	0	0	5	5
G137	0	0	0	0	0	0	0	0	0	0	0	0	5	5
G138	0	0	0	0	0	0	235	0	0	0	0	0	5	240
G139	5	0	0	0	0	0	65	0	0	0	0	0	0	70
G140	0	0	0	0	0	0	0	0	0	0	0	0	0	0
G141	0	0	0	0	0	0	30	0	0	0	0	0	15	45
G142	0	0	0	0	0	0	0	0	0	0	0	0	0	0
G143	0	0	0	0	0	0	0	0	0	0	0	0	0	0
G144	0	0	0	0	60	0	0	0	0	0	0	0	5	65
G145	0	0	0	0	0	0	10	0	5	0	0	0	10	25
G146	0	0	0	0	5	0	0	0	0	0	0	0	0	5
G147	0	0	0	0	0	0	70	0	0	0	0	0	0	70
G148	0	0	0	0	0	0	0	0	0	0	0	0	0	0
G149	15	0	0	50	0	0	10	0	0	0	0	0	0	75
G150	0	0	0	0	0	0	0	0	0	0	0	0	0	0
G151	0	0	0	15	0	0	85	0	0	0	0	0	0	100
G152	145	0	0	10	0	0	10	0	0	0	0	0	15	180
G153	0	0	0	0	0	0	0	0	0	0	0	0	0	0
G154	0	0	0	0	75	0	785	0	0	0	0	0	0	860
G155	0	0	0	0	0	0	0	0	0	0	0	0	0	0
G156	55	0	0	10	0	0	0	0	0	0	0	0	5	70
G157	0	0	0	0	0	0	0	0	0	0	0	0	25	25
G158	80	0	0	30	0	0	0	0	0	0	0	0	0	110
G159	0	0	0	0	0	0	0	0	0	0	0	0	0	0
G160	215	0	0	45	0	0	330	0	0	0	0	0	20	610
G161	0	0	0	0	0	0	0	0	0	0	0	0	20	20
G162	0	0	0	0	0	0	30	0	0	0	0	0	10	40
G163	0	5	0	0	0	0	0	0	0	0	0	0	0	5
G164	0	0	0	0	0	0	5	0	0	0	0	0	5	10
G165	0	0	0	0	40	0	150	0	0	0	0	0	0	190
G166	0	0	0	0	10	0	320	0	0	0	0	0	0	330
G167	70	0	0	0	30	15	660	0	0	0	0	0	5	780
G168	30	0	0	0	40	0	530	0	0	0	0	0	0	600
G169	0	0	0	0	0	0	0	0	0	0	0	0	0	0
G170	0	0	0	30	0	0	320	0	0	0	0	0	0	350
G171	10	0	0	10	0	0	3725	0	0	0	0	0	0	3745
G172	0	0	0	0	0	0	0	0	0	0	0	0	0	0
G173	30	0	0	0	0	0	15	0	0	0	0	0	0	45
G174	20	0	0	0	0	0	555	0	0	0	0	0	0	575
G175	70	0	0	70	0	0	0	0	0	0	0	0	0	140
G176	0	0	0	25	30	0	0	0	0	0	0	0	5	60
G177	0	0	0	0	0	0	0	0	0	0	0	0	0	0
G178	0	0	0	0	10	0	0	0	0	0	0	0	10	20
G179	0	0	0	0	0	0	0	0	0	0	0	0	0	0
G180	0	70	0	0	35	0	15	0	0	0	0	0	0	120

Tab. A3 (Fortsetzung): Ergebnisse der parasitologischen Sektionen – Dünndarm, Nematoden

Lfd.Nr.	*Trichostrongylus capricola*	*Trichostrongylus colubriformis*	*Trichostrongylus longispicularis*	*Trichostrongylus vitrinus*	*Nematodirus battus*	*Nematodirus europaeus*	*Nematodirus filicollis*	*Nematodirus helvetianus*	*Nematodirus rupicaprae*	*Cooperia oncophora*	*Cooperia pectinata*	*Cooperia punctata*	*Capillaria bovis*	Gesamtwurmbürde - Dünndarm
G181	10	20	0	0	15	0	0	0	0	0	0	0	0	45
G182	15	0	0	10	0	0	20	0	0	0	0	0	0	45
G183	0	0	0	55	0	0	0	0	0	0	0	0	5	60
G184	0	0	0	0	125	0	65	0	0	0	0	0	0	190
G185	0	0	0	0	50	0	0	0	0	0	0	0	0	50
G186	45	0	0	0	80	0	140	0	0	0	0	0	0	265
G187	0	0	0	0	160	0	120	0	0	0	0	0	0	280
G188	0	0	0	0	70	0	0	0	0	0	0	0	0	70
G189	0	0	0	0	195	0	215	0	0	0	0	0	0	410
G190	0	0	0	5	0	0	0	0	0	0	0	0	5	10
G191	0	0	0	0	0	0	730	0	0	0	0	0	0	730
G192	0	0	0	0	0	0	670	0	150	0	0	0	0	820
G193	0	0	0	0	0	0	0	0	0	0	0	0	15	15
G194	0	0	0	0	0	0	0	0	0	0	0	0	5	5
G195	10	10	0	0	320	0	120	0	0	0	0	0	0	460
G196	15	0	0	0	0	0	45	0	0	0	0	0	0	60
G197	60	15	0	20	45	0	0	0	0	0	0	0	10	150
G198	0	0	0	0	125	35	100	0	0	5	0	0	0	265
G199	0	0	0	0	225	20	110	0	0	0	0	0	0	355
G200	0	0	0	0	215	10	75	0	0	0	0	0	0	300
G201	0	0	0	0	45	0	15	0	0	0	0	0	5	65
G202	0	0	0	5	0	0	0	0	0	0	0	0	10	15
G203	0	0	0	0	0	0	0	0	0	0	0	0	0	0
G204	0	0	0	10	0	0	65	0	0	35	0	0	0	110
G205	0	0	0	0	20	0	0	0	0	0	0	0	10	30
G206	15	0	0	0	0	0	0	0	0	0	0	0	0	15
G207	0	0	0	0	30	0	0	0	0	0	0	0	20	50
G208	0	0	0	0	45	0	0	0	0	0	0	0	0	45
G209	0	0	0	0	65	0	30	0	0	0	0	0	0	95
G210	0	0	0	10	0	0	25	0	0	0	0	0	0	35
G211	0	0	0	0	0	0	0	0	0	0	0	0	0	0
G212	0	0	0	15	0	0	20	0	0	0	0	0	0	35
G213	0	0	0	0	35	0	0	0	0	0	0	0	0	35
G214	0	0	0	0	0	0	0	0	0	0	0	0	5	5
G215	0	0	0	0	140	0	0	0	0	0	0	0	0	140
G216	0	0	0	0	210	0	115	0	0	0	0	0	0	325
G217	0	0	0	0	0	0	0	0	0	0	0	0	5	5
G218	15	0	0	0	350	0	15	0	0	0	0	0	0	380
G219	0	0	0	0	465	0	0	0	0	0	0	0	0	465
G220	0	0	0	0	90	0	70	0	0	0	0	0	0	160
G221	0	0	0	0	15	0	0	0	0	0	0	0	0	15
G222	5	0	0	0	0	0	0	0	0	0	0	0	10	15
G223	0	0	0	0	0	0	10	0	0	0	0	0	10	20

Tab. A3 (Fortsetzung): Ergebnisse der parasitologischen Sektionen – Dickdarm und Bandwurmbefall

Lfd.Nr.	*Chabertia ovina*	*Oesophagostomum venulosum*	*Trichuris ovis*	*Trichuris globulosa*	*Trichuris* spp., Männchen	Gesamtwurmbürde - Dickdarm	Gesamtwurmbürde, alle Abschnitte (exkl. Bandwürmer)	*Cysticercus tenuicollis*	*Avitellina centripunctata*	*Moniezia benedeni*	*Moniezia expansa*	*Moniezia* spp.[1]
G1	0	3	13	0	0	16	391	0	0	0	4[2]	0
G2	1	8	0	0	5	14	624	0	0	1	1[2]	0
G3	0	7	0	0	0	7	752	0	0	0	0	0
G4	2	7	17	0	0	26	1081	0	0	0	5[2]	0
G5	0	1	2	3	0	6	781	0	0	0	0	0
G6	4	11	6	0	0	21	691	0	0	0	0	0
G7	0	12	0	0	0	12	1497	0	0	0	1[2]	0
G8	0	2	0	0	0	2	1057	0	0	0	0	0
G9	0	6	0	1	0	7	672	1	0	0	0	0
G10	0	1	0	0	0	1	436	0	0	0	0	0
G11	0	0	0	0	0	0	135	0	0	0	0	0
G12	0	1	0	0	0	1	816	0	0	0	0	0
G13	1	2	0	0	0	3	1173	0	0	0	0	0
G14	0	0	0	0	0	0	210	0	0	0	2	0
G15	0	2	4	0	0	6	2631	0	0	0	0	0
G16	0	0	0	0	0	0	1720	0	0	0	0	0
G17	0	4	0	1	0	5	1485	0	0	0	0	11
G18	7	2	0	0	0	9	589	0	0	0	0	0
G19	0	2	0	0	0	2	2092	0	0	0	0	0
G20	0	17	0	0	0	17	962	0	0	0	0	0
G21	2	0	25	0	0	27	972	0	0	0	2[2]	0
G22	0	1	0	0	0	1	706	0	0	0	0	0
G23	0	1	0	8	0	9	839	0	0	0	0	0
G24	2	6	0	0	0	8	568	1	0	0	0	0
G25	0	1	27	0	0	28	603	0	0	0	0	0
G26	0	4	4	0	0	8	398	0	0	0	6[2]	0
G27	0	0	0	0	0	0	610	0	0	0	0	0
G28	4	0	0	0	0	4	1579	0	0	0	0	0
G29	0	1	4	0	0	5	355	0	0	0	0	0
G30	1	0	2	43	0	46	1151	0	0	0	1[2]	0
G31	0	3	0	0	0	3	658	0	3	0	0	0
G32	0	3	0	0	0	3	698	0	0	0	0	0
G33	1	8	0	3	0	12	337	0	0	0	0	0
G34	0	7	0	0	2	9	1664	0	3	0	0	0
G35	0	0	2	2	0	4	664	0	0	0	6[2]	0
G36	0	0	0	0	0	0	570	0	0	0	0	0
G37	0	1	4	0	0	5	465	0	0	0	0	0
G38	0	1	0	0	0	1	486	0	0	0	3[2]	0
G39	0	4	9	0	0	13	1133	0	0	0	0	0
G40	0	2	0	0	0	2	337	0	0	0	0	0
G41	0	8	3	0	0	11	696	0	0	0	0	0
G42	0	0	0	0	0	0	140	0	0	0	0	0
G43	0	0	0	0	0	0	120	0	0	0	0	0
G44	1	0	0	0	0	1	161	0	0	0	0	0
G45	0	0	14	0	0	14	174	0	0	0	3[2]	0

[1] Darstellung der Interproglottialdrüsen zur Differenzierung nicht möglich
[2] einzelne *Moniezia*-Exemplare 2006 an Prof.Tenora, Brünn, zur Bestimmung versandt

Tab. A3 (Fortsetzung): Ergebnisse der parasitologischen Sektionen – Dickdarm und Bandwurmbefall

Lfd.Nr.	*Chabertia ovina*	*Oesophagostomum venulosum*	*Trichuris ovis*	*Trichuris globulosa*	*Trichuris* spp., Männchen	Gesamtwurmbürde - Dickdarm	Gesamtwurmbürde, alle Abschnitte (exkl. Bandwürmer)	*Cysticercus tenuicollis*	*Avitellina centripunctata*	*Moniezia benedeni*	*Moniezia expansa*	*Moniezia* spp.[1]
G46	1	0	0	0	0	1	566	0	0	0	0	0
G47	7	0	7	0	0	14	494	0	0	0	0	0
G48	0	4	0	0	0	4	2174	0	1	0	1	3
G49	0	1	17	19	0	37	757	0	4	0	0	0
G50	0	0	0	0	0	0	545	0	0	0	0	0
G51	0	1	5	5	0	11	706	0	0	0	0	0
G52	0	4	14	0	0	18	1153	0	0	0	0	0
G53	0	1	0	0	0	1	916	0	2	0	0	0
G54	0	3	0	0	0	3	698	0	5	0	0	0
G55	0	4	0	0	0	4	29	0	0	0	0	0
G56	0	2	0	0	0	2	1237	0	0	0	0	0
G57	1	2	6	18	0	27	1672	0	0	0	0	0
G58	0	2	0	0	0	2	1587	0	0	0	1	0
G59	6	5	0	2	0	13	1478	1	1	0	0	0
G60	0	0	0	0	0	0	305	0	0	0	0	0
G61	0	1	0	0	0	1	966	0	0	0	0	0
G62	4	15	18	0	0	37	1757	0	0	0	0	0
G63	0	4	0	0	0	4	439	0	0	0	0	0
G64	0	1	0	0	0	1	1291	0	0	0	0	0
G65	0	0	14	0	0	14	734	0	0	0	0	0
G66	0	0	0	0	0	0	1925	1	0	0	0	0
G67	0	2	0	0	0	2	872	0	0	0	0	2
G68	0	0	0	0	0	0	875	0	0	0	0	2
G69	0	0	0	0	0	0	470	0	0	0	0	0
G70	0	0	0	0	0	0	715	0	0	0	0	1
G71	0	5	7	0	0	12	1192	0	0	0	0	0
G72	0	1	0	0	0	1	611	0	1	1	0	0
G73	0	0	0	0	0	0	265	0	0	0	0	0
G74	0	2	9	0	0	11	521	0	0	0	4[2]	0
G75	0	4	6	0	0	10	205	0	0	0	3[2]	0
G76	0	0	0	0	0	0	1495	0	1	0	0	0
G77	0	8	0	0	0	8	2658	0	0	0	0	0
G78	0	1	0	0	0	1	1326	0	0	0	0	0
G79	0	0	0	0	0	0	755	0	0	0	0	0
G80	0	0	0	0	0	0	1565	1	0	0	0	0
G81	2	2	0	0	0	4	3214	0	0	0	0	0
G82	0	0	0	0	0	0	1440	0	0	0	0	0
G83	0	0	0	0	0	0	355	0	0	0	0	0
G84	0	0	0	0	0	0	2645	0	0	0	0	0
G85	0	1	0	0	0	1	1466	0	0	0	0	1
G86	0	0	0	0	0	0	1225	0	0	2	0	0
G87	0	0	0	0	0	0	945	0	0	0	0	0
G88	0	0	9	0	0	9	1319	0	0	0	0	0
G89	0	3	2	0	0	5	515	0	0	0	0	0
G90	0	5	0	7	0	12	757	0	6	0	0	0

[1] Darstellung der Interproglottialdrüsen zur Differenzierung nicht möglich
[2] einzelne *Moniezia*-Exemplare 2006 an Prof.Tenora, Brünn, zur Bestimmung versandt

Tab. A3 (Fortsetzung): Ergebnisse der parasitologischen Sektionen – Dickdarm und Bandwurmbefall

Lfd.Nr.	*Chabertia ovina*	*Oesophagostomum venulosum*	*Trichuris ovis*	*Trichuris globulosa*	*Trichuris* spp., Männchen	Gesamtwurmbürde - Dickdarm	Gesamtwurmbürde, alle Abschnitte (exkl. Bandwürmer)	Cysticercus tenuicollis	*Avitellina centripunctata*	*Moniezia benedeni*	*Moniezia expansa*	*Moniezia* spp.[1]
G91	0	0	0	0	0	0	1055	0	0	0	0	0
G92	1	1	0	7	0	9	1909	0	1	0	0	0
G93	0	9	7	0	0	16	571	0	0	0	0	0
G94	0	1	0	0	0	1	1021	1	0	0	0	0
G95	0	0	0	2	0	2	2302	0	0	1	0	0
G96	0	0	0	0	0	0	1175	0	0	0	0	0
G97	5	9	48	0	0	62	5492	0	1	0	1	0
G98	2	0	0	12	0	14	1609	0	0	0	1	0
G99	2	0	0	0	0	2	1082	0	0	0	0	0
G100	0	1	0	1	0	2	1992	0	1	0	0	0
G101	0	0	6	26	0	32	2302	0	0	1	1[2]	0
G102	1	2	0	0	0	3	2703	0	2	0	0	0
G103	0	3	0	0	0	3	1268	0	4	0	1	0
G104	0	1	0	0	0	1	1531	0	0	0	0	0
G105	0	0	0	0	0	0	1850	0	2	0	0	0
G106	0	1	0	0	0	1	2066	0	1	0	0	0
G107	1	0	16	0	0	17	987	0	0	0	0	0
G108	0	0	0	0	0	0	2120	0	0	2	0	0
G109	0	1	0	0	0	1	2211	0	3	0	0	0
G110	0	0	9	0	0	9	3709	0	0	0	1	0
G111	2	1	0	0	0	3	2133	1	1	0	0	0
G112	0	0	0	0	0	0	260	0	0	0	0	0
G113	0	2	0	0	0	2	4672	0	2	0	0	1
G114	1	4	14	0	0	19	2364	1	0	0	0	0
G115	1	2	0	0	0	3	698	0	0	0	0	0
G116	0	2	4	0	0	6	976	0	0	0	1	0
G117	0	0	0	2	0	2	1222	0	0	0	0	0
G118	2	3	7	0	0	12	562	0	0	1	0	0
G119	2	1	9	0	0	12	1112	0	0	1	0	0
G120	0	1	0	0	0	1	2556	0	0	0	0	0
G121	0	0	0	0	0	0	40	0	0	0	0	0
G122	0	0	0	4	0	4	3259	0	0	0	0	0
G123	0	1	0	0	0	1	481	0	0	0	0	0
G124	0	0	5	0	0	5	585	2	0	0	0	0
G125	0	0	3	0	0	3	868	0	0	0	0	0
G126	0	0	4	0	0	4	399	0	0	0	0	0
G127	0	0	4	1	0	5	890	0	0	0	0	0
G128	0	0	0	0	0	0	295	1	0	0	0	0
G129	0	0	0	0	0	0	1045	0	0	0	0	0
G130	0	0	1	0	0	1	711	0	0	0	0	0
G131	0	1	0	0	0	1	1671	0	0	0	1	0
G132	0	0	0	1	0	1	461	0	0	0	0	0
G133	1	4	2	0	0	7	967	0	1	1	0	0
G134	0	0	0	0	0	0	430	0	0	0	0	0
G135	0	1	3	0	0	4	444	0	0	0	0	0

[1] Darstellung der Interproglottialdrüsen zur Differenzierung nicht möglich
[2] *Moniezia*-Exemplar 2006 an Prof.Tenora, Brünn, zur Bestimmung versandt

Tab. A3 (Fortsetzung): Ergebnisse der parasitologischen Sektionen – Dickdarm und Bandwurmbefall

Lfd.Nr.	*Chabertia ovina*	*Oesophagostomum venulosum*	*Trichuris ovis*	*Trichuris globulosa*	*Trichuris* spp., Männchen	Gesamtwurmbürde - Dickdarm	Gesamtwurmbürde, alle Abschnitte (exkl. Bandwürmer)	Cysticercus tenuicollis	*Avitellina centripunctata*	*Moniezia benedeni*	*Moniezia expansa*	*Moniezia* spp.[1]
G136	1	1	1	0	1	4	1299	2	0	0	0	0
G137	1	7	4	4	0	16	1326	1	0	0	0	0
G138	1	7	0	0	4	12	912	0	0	0	0	0
G139	0	1	0	1	0	2	937	1	0	0	0	0
G140	0	1	6	15	0	22	777	0	0	0	0	0
G141	1	1	0	0	0	2	1832	0	0	0	2	0
G142	0	0	0	0	0	0	570	1	0	0	1	0
G143	1	2	0	0	0	3	1188	0	0	0	0	0
G144	0	0	0	0	0	0	1335	0	1	0	0	0
G145	0	0	0	1	0	1	3756	0	0	0	0	0
G146	0	0	0	0	1	1	1706	3	0	0	0	0
G147	0	0	0	1	0	1	2326	0	0	0	0	0
G148	13	0	2	12	0	27	1912	0	1	0	0	0
G149	0	0	0	0	0	0	320	0	0	0	0	1
G150	12	8	28	0	0	48	1383	0	1	0	0	0
G151	0	5	7	7	0	19	724	0	0	0	0	1
G152	1	1	2	3	0	7	2382	1	0	0	0	0
G153	1	0	0	0	0	1	1671	0	0	0	0	0
G154	0	0	15	3	0	18	2478	0	0	0	0	1
G155	0	0	11	0	0	11	2136	0	0	0	0	0
G156	0	0	0	0	0	0	1300	0	0	0	0	0
G157	2	0	0	0	0	2	337	0	0	0	0	0
G158	0	1	0	0	0	1	241	0	0	0	0	0
G159	0	0	0	0	0	0	860	0	0	0	0	0
G160	1	0	2	0	0	3	1903	1	0	0	0	0
G161	0	0	0	0	0	0	1370	0	0	0	0	0
G162	0	0	0	0	0	0	1380	0	0	0	0	0
G163	2	1	3	0	0	6	501	1	0	0	0	0
G164	0	0	0	0	0	0	840	0	0	0	0	0
G165	1	0	4	6	0	11	1611	0	0	0	0	1
G166	0	0	2	12	0	14	1944	0	0	0	0	2
G167	0	0	0	0	0	0	1795	0	0	0	0	0
G168	0	1	26	10	0	37	2047	0	0	0	0	0
G169	3	6	0	0	1	10	1605	0	0	0	0	0
G170	4	17	23	0	0	44	1279	0	0	0	0	1
G171	24	82	0	20	1	127	6932	0	0	0	1	0
G172	1	29	0	3	0	33	883	0	0	0	0	0
G173	0	0	0	0	0	0	265	0	1	0	0	0
G174	0	31	15	15	0	61	2546	0	0	0	0	0
G175	0	9	0	2	0	11	686	0	1	0	0	0
G176	0	10	0	1	0	11	416	0	0	0	0	0
G177	1	6	0	0	0	7	2267	0	1	0	0	0
G178	0	2	0	0	0	2	1037	0	1	0	0	0
G179	2	0	0	0	0	2	132	0	0	0	0	0
G180	2	2	0	0	0	4	289	0	0	0	0	0

[1] Darstellung der Interproglottialdrüsen zur Differenzierung nicht möglich

Ergebnisse der parasitologischen Sektionen – Dickdarm und Bandwurmbefall

Lfd.Nr.	*Chabertia ovina*	*Oesophago: venulosum*	*Trichuris ovis*	*Trichuris g*	*Trichuris* spp., Männchen	Gesamtwurmbürde - Dickdarm	Gesamtwurmbürde, alle Abschnitte (exkl. Bandwürmer)	*Cysticercus tenuicollis*	*Avitellina centripunctata*	*Moniezia benedeni*	*Moniezia expansa*	*Moniezia* spp.[1]
G181	0	2	0	0	0	2	267	0	0	0	0	0
G182	2	0	0	0	0	2	1072	1	1	0	0	0
G183	0	4	6	0	0	10	310	2	0	0	0	0
G184	0	11	6	0	0	17	327	0	0	0	10	0
G185	0	0	0	0	0	0	125	0	0	0	0	0
G186	1	8	0	0	0	9	604	0	0	0	1	0
G187	2	12	2	0	0	16	586	0	0	0	0	0
G188	1	0	3	0	0	4	344	0	0	0	0	0
G189	1	10	3	0	0	14	1454	2	0	0	0	0
G190	2	0	0	0	0	2	457	0	0	0	0	0
G191	0	0	0	0	0	0	1825	0	0	0	1	3
G192	0	0	3	0	0	3	2113	0	0	0	1	0
G193	0	0	0	0	0	0	80	0	0	0	0	0
G194	1	1	2	0	0	4	1034	1	0	0	0	0
G195	0	3	0	0	0	3	658	3	0	0	0	0
G196	0	3	0	6	0	9	1019	0	0	0	1	0
G197	0	1	0	0	0	1	176	1	0	0	0	0
G198	0	0	5	5	0	10	545	0	0	0	1	0
G199	0	1	3	0	0	4	539	0	0	0	0	0
G200	0	2	2	0	0	4	659	0	0	0	0	0
G201	0	1	5	0	0	6	671	0	0	0	0	0
G202	0	0	0	0	0	0	920	0	0	1	0	0
G203	0	18	0	0	1	19	599	1	0	0	0	0
G204	0	3	11	5	0	19	484	0	0	0	0	2
G205	0	17	0	0	0	17	357	0	0	0	0	0
G206	0	6	0	0	0	6	76	0	0	0	0	0
G207	0	4	1	0	0	5	920	0	0	0	0	0
G208	0	0	0	3	0	3	133	0	0	0	0	0
G209	0	3	5	0	0	8	163	0	0	0	0	0
G210	2	4	6	0	0	12	492	0	0	0	0	1
G211	0	1	0	1	0	2	42	0	0	0	1	0
G212	0	1	2	2	0	5	95	0	0	0	0	0
G213	0	1	0	5	0	6	146	0	0	0	1	0
G214	1	0	0	0	1	2	137	3	0	0	0	0
G215	0	1	0	3	0	4	254	0	0	1	0	0
G216	0	13	1	0	0	14	579	0	0	0	0	0
G217	0	0	0	0	1	1	71	0	0	0	0	0
G218	1	4	1	4	0	10	555	0	0	1	0	0
G219	0	0	0	0	1	1	701	0	0	0	0	0
G220	0	0	0	0	1	1	271	0	0	0	0	0
G221	0	0	0	0	2	2	57	0	0	0	0	0
G222	0	0	0	0	0	0	60	0	0	0	0	0
G223	1	10	0	1	0	12	1492	1	0	0	0	0

[1] Darstellung der Interproglottialdrüsen zur Differenzierung nicht möglich

Danksagung

Mein besonderer Dank gilt meinen Betreuern, Herrn Dr. habil. Rehbein, der mir bei der parasitologischen Diagnostik sowie Literaturbeschaffung behilflich war und mir die Möglichkeit der Nutzung der Einrichtungen des Kathrinenhof Research Center der Merial GmbH gab, sowie Herrn Univ.-Prof. Dr. Pfister für die Durchsicht und konstruktiven Hinweise zur Fertigstellung.

Frau Winter und Herrn Visser aus Rohrdorf danke ich für die Hilfe bei der Einarbeitung in die Methodik der Probengewinnung und der parasitologische Diagnostik.

Frau O. Balun danke ich für die Übersetzung der Literatur aus der ehemaligen UdSSR und Tschechoslowakei.

Herrn Dr. Lindner danke ich für die Unterstützung bei der statistischen Auswertung.

Herrn Univ.-Prof. Dr. Prosl danke ich für die Hilfe bei der Bestimmung einzelner *Nematodirus*-Exemplare.

Ich bedanke mich bei allen beteiligten Jagdausübenden und Mitarbeitern der Forstämter, Forstbetriebe, des Nationalparks und der privaten Reviere für die Bereitstellung des Untersuchungsmaterials.